MICRO-INTERACTIONS

HISTORICAL DOMINANCE

DESIGNED EXPERIENCES

CUSTOMER EXPERIENCE

INSIGHT

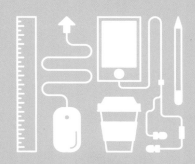

SOCIAL NETWORKS

SYSTEM SIMULATIONS

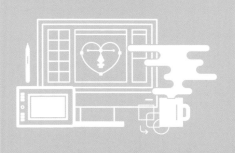

FRAMEWORK

SYSTEM PERSPECTIVE

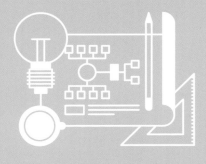

SUPER MODELS

TECH STOCKS

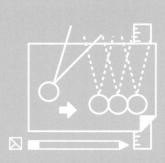

FRICTION

THE PHYSICS OF
BRAND

Understand the Forces Behind Brands That Matter

品牌物理學

科技力量與消費模式
背後隱而未現的行銷科學

亞倫·凱勒（Aaron Keller）、蕾妮·馬里諾（Renée Marino）、
丹·華萊士（Dan Wallace）合著

朱沁靈 譯

作│者│群│介│紹

✿ 亞倫・凱勒 Aaron Keller

膠囊設計的共同創辦人，在消費者研究、行銷策略和品牌發展領域裡，擁有領導全美和全球性品牌超過 20 年的經驗。

亞倫取得明尼蘇達大學卡爾森管理學院的企管碩士學位後，曾在聖湯瑪斯大學擔任整合行銷學兼任教授。著有三本創作，也是一位深受歡迎的演説家。如果你不是在飛機上遇到亞倫，或許能在愛荷華州或洛磯山脈看到他騎著腳踏車的身影。

✿ 蕾妮・馬里諾 Renée Marino

邱比特顧問公司（Cupitor Consulting）的創辦人。主要業務是替客戶提供與品牌和無形資產相關的金融服務，包括估價、策略諮詢，以及商標侵權和干擾顧客關係等訴訟賠償金之專業意見，同時出版此議題的相關著作。

芮妮畢業於芝加哥大學，並於該校獲得金融企管碩士學位，也是美國估價師協會理事會理事；她也是少數擁有註冊會計師（CPA）、美國註冊會計師協會認證的企業價值會計師、美國估價師協會認證的高級估價師、特許金融分析師協會認證的特許金融分析師。在她的家族成員中，不乏物理學家或神經科學家。當家人們轉往其他領域發展時，芮妮對於動態系統模型和高階金融的研究，也就此告一段落。

✿ 丹・華萊士 Dan Wallace

食物理念公司（Idea Food）的創辦人，負責協助各公司高階主管釐清長期品牌策略與發展行銷計畫。其中著名的成功案例包括：IBM、聯合勸募、明尼亞波利斯市、光輝國際諮詢顧問（Korn Ferry）、房屋租賃公司（Apartment Search）、萬基系統有限公司（Mindware），以及德盧斯餐廳（Pizza Luce）等等。

畢業於聖湯瑪斯大學，並取得 EMBA 學位且主修系統思考方法。由於丹涉獵甚廣，總能有效針砭問題、提出見解；因此獲得多項品牌化、概念藝術作品和創新領導發展之大獎。他同時也是作家暨演說家，

若沒有看到丹替客戶提出或解決問題而深陷思考狀態，那麼或許他正在長程登山之旅中陷入沉思。

視覺構成與設計

✿ 膠囊設計 Capsule Design

總部設在明尼阿波利斯的國際設計公司，由亞倫・凱勒和布萊恩・亞杜奇（Brian Adducci）共同創立。該公司幫助客戶瞭解並塑造消費者文化。不論是個人、產品、包裝、手機應用程式、零售商、標示、標誌、名稱或網站，每個人都應該能透過「時刻設計」（designed moment）來傳遞有價值的體驗，而膠囊設計在過程中，扮演的就是好幫手的角色。

服務過的企業有：3M、傑克・丹尼爾威士忌、紅翼製鞋（Red Wing Shoes）、巴塔哥尼亞（Patagonia）、智慧羊毛（SmartWool）、通用磨坊（General Mills）、楷模家電（Kenmore）、美敦力公司（Medtronic）、塔吉克百貨（Target）、科蒂集團（Coty）、雅基馬戶外用品（Yakima）以及李德門工具（Leatherman）。

協力製作

✿ 歐若拉視界 Aurora Insights

提供評估品牌、發展品牌策略，以及提昇品牌價值的顧客體驗等服務。主要合作對象包括膠囊設計、食物理念公司和邱比特公司。

聯絡方式：questions@aurorainsights.com。

譯者

✿ 朱沁靈

淡江大學英文系畢業，目前就讀台灣大學翻譯碩士學位學程。熱愛文學、旅行、運動及翻譯。目前譯作《多面英雄凱因斯》（合譯）。

用理性的物理思維去解構感性的行銷行為，十分有趣且具挑戰性，值得一讀。

——世紀奧美公關創辦人　丁菱娟

「品牌」到底如何對受眾產生一種看似非理性的化學吸引力，一直是令我感到好奇但又無法解釋的議題。本書藉由物理學角度的精彩詮釋，讓我終於能有效與客戶溝通，並創造真正的「品牌價值」！

——沛肯品牌視覺行銷營運總監　朱開宇

一般談到品牌經營，不免太過著重在產品本身或溝通創意上，或者受到網路與社群影響力日增而把重心放在數位工具的運用。本書藉由「時間」「空間」「脈絡階段」三種不同模型探討品牌如何建立影響，值得細細研讀。

——康泰納仕樺舍集團數位營運總監　李全興

品牌如何建立與持續，其核心與人本身特性，及人與人之間互動相關。本書與其說是「品牌物理學」，不如說是「品牌科學」，利用科學精神瞭解本質與核心。具體的招術會過時，「無招勝有招」的境界來自於對本質的瞭解，進而自己悟出隨時空變化如何出招。

——任職中研院物理所，兼任《科學月刊》與《科技報導》副總編輯　林宮玄

《品牌物理學》結合時間模式、空間模式與雅各階梯模式，提出一個全面性的思考架構，從一個全環繞的視角，透過以消費者和環境互動的五種與生俱來的感官來體驗品牌，是品牌經營者嶄新的全方位工具。

——美國西北大學行銷學博士、國立政治大學企業管理研究所教授　洪順慶

品牌形象的建立從物理的角度來說，就是產品的能量與價值在時間與空間中互動，以改變大腦的記憶與認知過程。

——清華大學系統神經科學研究所所長　焦傳金

現今多數行銷人員多以「特定戰術」的努力，掩蓋自身對於「整體戰略」層面的怠惰。本書作者群想得更遠：他們認為如果認真想做好一個品牌，不只要研究市場戰略，更要「回歸本質」去思考──你的品牌跟每位消費者接觸的瞬間，是否能夠有意義的傳達信號、累積記憶，最終產生價值？

　　《品牌物理學》提到許多行銷公關該有的基礎傳播相關理論，並且活用案例充分說明；是少見理論與實務兼具、高含金量的著作。書中有許多生動幽默的片段，令人讀之莞爾一笑；非常適合國內品牌行銷系所的學生、教師做為研讀教材。

──利眾公關集團董事長　嚴曉翠

　　這本書應當成為你的「現代品牌化指南手冊」。與多數行銷學書籍不同的是：《品牌物理學》裡充滿迷人又豐富的品牌知識，解釋了現今最新潮的市場運作模式；從第一頁開始到最後一頁，都讓人為之著迷。

──通用磨坊公司（General Mills）前行銷長暨美國聖湯瑪斯大學歐普斯商學院（Opus College of Business, University of St. Thomas）教授　馬克・亞迪克斯（Mark Addicks）

　　《品牌物理學》內容精采絕倫，不但針對人類的五感、記憶以及產品體驗進行探討；也講述了這趟過程中扮演重要角色的「時間」、「空間」和「時刻」。最重要的是，本書提到「品牌化」，這使你在閱讀的過程中，能深入檢視自身品牌。

──《體驗經濟時代》（*The Experience Economy*）暢銷書作者　約瑟夫・派恩（B. Joseph Pine II）

　　科學實驗總是嚴謹，探討人類心智、靈魂和行為也很複雜；而本書卻將兩者加以融合，綜合概略說明了要建立有價值、令人難忘且永久的品牌，所有一切須納入考量的因子。

──百事可樂（PepsiCo）資深副總暨設計長　莫洛・波契尼（Mauro Porcini）

　　本書結合了卓越的寫作技巧與非凡的設計，讓你以全新觀點看待「品牌化」這件事。

──澳洲墨爾本商學院（Melbourne Business School, Australia）教授暨英國雜誌《行銷週刊》（*Marketing Week*）專欄作家　馬克・瑞森（Mark Ritson）

《品牌物理學》在談論建立新品牌的風險時，也花了同等篇幅講述創建新品牌的機會，同時還提供了既有品牌的管理與生存之道。這個寫作團隊不但考慮周全，還富有創造力，能以人文思想來解釋品牌科學與數據，值得大力讚許！

——美國誠實公司（The Honest Company）創辦人暨產品長　克里斯多夫・葛文根（Christopher Gavigan）

　　製造時刻、加快速度、建立信任、創造價值……《品牌物理學》透過思維實驗將經典行銷觀念與現今市場情境合而為一，藉此挑動經驗老道且具雄心壯志行銷人員的熱情。

——塔吉特百貨（Target Corporation）執行副總暨行銷長　傑夫・瓊斯（Jeff Jones）

　　終於有本不是以唐納・川普立場而寫的著作：本書內容十分真實且詳細，不時帶有一絲揶揄口吻。午餐時間就是你閱讀本書的最好時機，因為這時意識最清醒，可以好好汲取明智清晰的商業養分。

——《花錢有理：新時代消費行為大預測》（Why We Buy: The Science of Shopping）作者暨零售與環境銷售顧問公司（Envirosell）執行長　帕克・安德席爾（Paco Underhill）

　　藉由強調人類的經驗和記憶才是創立品牌的重點，本書的作者群順理成章地成了大衛・艾克（David Aaker）和艾力克斯・貝爾（Alex Biel）的接班人。

——Cambiar 投資公司管理夥伴、國際市場研究集團（Research International）前執行長暨《研究世界》（Research World）總編輯　賽門・查維克（Simon Chadwick）

　　隨著我們從「工業經濟」轉變成「數位經濟」，品牌與人們之間的關聯性也越來越高；然而在各個品牌皆需承受新壓力，來努力吸引新世代人的目光之際，《品牌物理學》是每位品牌管理者在必經道路上的指引手冊。

——可口可樂公司創新與創業部副總裁　大衛・巴特勒（David Butler）

《品牌物理學》以嶄新思維來思考當今複雜的行銷環境與轉變，透過書中滿溢設計與顧客體驗的深刻見解和案例分析，使你的品牌變得更有價值。

——知名品牌美則（Method）與奧麗（OLLY）的共同創辦人　艾瑞克·萊恩（Eric Ryan）

本書不但讓社會科學和自然科學達到完美平衡，還提供強而有力的觀點來看待品牌化這件事；創意十足、發人省思。這就像史蒂芬·霍金碰上珍·古德般：透過科學與人文，再由物理看到人類學，開創了美麗又迷人的品牌化旅程。

——明尼蘇達大學卡爾森管理學院（Carlson School of Management, University of Minnesota）詹姆斯沃金行銷長暨行政教育副院長　馬克·柏根（Mark Bergen）

科技正迅速地改變消費者購買行為，傳統打造品牌知名度的方法已經過時，因此《品牌物理學》的作者們，以自然科學作為主軸，輔以藝術知識，研發一套適用於當今市場的品牌發展系統；藉由以上這些方法與步驟，不但能為品牌創造整體價值，還有利於公司整體發展。

——安奎塔斯公司（Acuitas Inc.）常務董事暨《公允價值衡量》（Fair Value Measurement）作者　馬克·齊拉（Mark L. Zyla）

本書內容宛如主廚所設計的菜單。這場精心設計並鼓勵讀者嘗試的盛宴，以全新想法思考品牌和品牌化；每次閱讀都讓我享受其中！

——Energetic Retail 公司首席能源長暨《無聲銷售》（Silent Selling）作者　茱蒂·貝爾（Judy Bell）

對行銷與傳播從業人員而言，本書相當值得一讀；因為這能幫助他們揭開品牌化的面紗，並瞭解建立強力品牌及聲譽背後的行銷科學。

——聲譽顧問公司（Reputation Institute）首席策略研究員　史蒂芬·哈恩-葛瑞芬斯（Stephen Hahn-Griffiths）

CONTENTS
目次

一切要從兩品脫啤酒說起

故事的開始是發生在 2002 年夏天，當時全球剛經歷首次股市泡沫，而亞倫‧凱勒（Aaron Keller）和丹‧華萊士（Dan Wallace）就坐在明尼亞波利斯市的尼科萊特購物中心（Nicollet Mall, Minneapolis）新聞編輯室外頭，一邊喝著啤酒，一邊感嘆著行銷、品牌和設計市場的變化速度。那時廣告業正面臨嚴重的衰退期，而「設計」變成了董事會議上討論的重點，至於「顧客體驗」則成了最新的熱門話題。網路公司和科技股也已全面崩盤，並為網路這齣戲劇，暫時畫下短暫的句點。在我們推測網路是如何轉變媒體，營銷和品牌時，整個品牌系統似乎像個化簡為繁的機器，而我們只看到一些零件。

我們開始嘲笑自己身處專業領域裡出現的各種怪異情形：因為在全球證券交易所中，有兩百萬個註冊商標市值都高達數兆美元，全球每年都花費超過六千億美元於研究、設計、推銷和廣告上，但對於品牌該如何增加產品價值、何謂品牌，或是品牌化的運作過程等問題，卻始終沒有共識；這似乎是一個無比弔詭的情形。

因此，我們心中浮現了一個簡單想法：「大眾」與「品牌」都是在時空轉換下進行，那麼在這兩者間的微小互動，便成了我們尚未著手研究的重要領域。這想法看似簡單——幾乎可說是簡單到不行，但卻也很深奧複雜。坦白說，剛開始我們也不知道該如何著手執行這個想法，所以儘管兩人有了共識，但這幾年來，也只能把它當作擺在架上純粹好看的手工精釀啤酒，偶爾才拿出來清清灰塵罷了。

接著，亞倫認識了芮妮‧馬里諾（Renée Marino）；她是名企業估價師，曾與火箭科學家一起從事系統模擬工作，並在當時對全新「動態系統行銷研究」有著濃厚興趣。亞倫跟芮妮分享了自己對品牌於「時間」和「空間」的想法後，她很快就知道如何結合它們。時間快轉來到 2008 年全球進入經濟大衰退時期（Great Recession），這給予並擴大了我們三人對時間與空間既有的想像；並在經過多次探索、研究和激烈討論後，才撰寫成你們手上的這本著作。

在這本書上市之後，我們會在新聞編輯室裡，喝上超過三品脫的啤酒來大肆慶祝一番。或許搞不好，還能再度激發出火花呢！

品牌的一切，都與空間、時間有關

THE INTRODUCTION

理論上，只要品牌經常在時空中與大眾產生交集，即可永久流傳下去。而本書要檢視的，正是品牌與群眾相互交集的時間與空間。從一開始，我們會先觀察品牌在時空條件中的發展脈絡、人類大腦如何運作、社交網絡是如何造成影響，以及——品牌之所以對我們是有價值的原因。爾後我們會再聚焦說明：為何這套概念能以各種不同方式，產生出對你、對品牌擁有者都有價值的洞見？經由本書你將獲得全新的框架跟系統化的觀點來建立品牌；同時也能透過書中章節學到評估品牌的新方法，進一步達成最佳**品牌化**的效果。

多數討論品牌的書籍都將重點擺在「品牌該傳遞何種訊息」，或「顧客思考與感受」上。可能是基於過去的印象，加上學術界也十分看重市場調查，以致於每當講到品牌化時，就會讓人情不自禁地聯想到「廣告」。不過現在的廣告業者其實都在花大錢做小事：觸及群體只是小眾族群，其頻率也不高，而且時間也較短。光是投資在網路廣告上的費用，就高達五百二十億美元；這數字不僅超越了有線電視廣告，更緊追在廣播電視廣告之後。每當民眾們容易在瀏覽爆炸性資訊的過程中分心；也就是不論是從口袋或手提包拿出智慧型手機時，品牌所提供的，僅是以浮誇舉止吸住他們目光。當他們要從這些紛亂的資訊中做出選擇時，民眾所仰賴的，就是對於某品牌的過往經驗。

現在我們先把大觀念擺在一旁，僅以**群眾**作

為重點，我們不把他們稱為「消費者」，也不視顧客為「目標族群」，因為這些都是工業經濟所留下的過時字眼。品牌會隨著記憶留存或消逝，沒有群眾的存在，就不會有品牌；因此要如何透過現實生活中，存在於人類與品牌之間的互動來創造記憶——這件事確實有好好研究的必要。

在當今的行銷世界裡，**顧客體驗和顧客需求設計**可說是最強而有力的概念；而本書揭露的觀念也正與大眾體驗的「設計」直接相關；特別是在「被設計好的時刻」這點上。至於社群如何對個人發揮影響力，也是我們要探究的主題。如此一來，你也可以明白品牌擁有者和管理者究竟是如何操縱社群的；再來，我們不但會探討個人品牌體驗所經歷的三個重要時間維度：① 第一時刻，② 使用品牌的大量時間，③ 使用品牌的時間速度；還會討論品牌所操控的四個空間維度：① 品牌擁有者，② 品牌管理者，③ 社群，④ 個人。

接著，你將會知道品牌如何攀爬**雅各階梯**（Jacob's ladder），並發出大眾所能感知到的信號。這些信號會轉變成難忘的時刻，而這些時刻在經過累積後，就會成為一段段的記憶，進而產生品牌能量。之後顧客會利用這些資訊來進行價值評估，以此衡量競爭品牌所能提供的期望效用後，再來決定是否購買；這就是能否產生銷售、利潤和品牌價值的關鍵。而一個品牌的成功與否，就取決於它能否創造出「品牌價值」這項經濟資產。

沒錯，接下來我們會進入更深奧的部分。不過別擔心，這或許沒你想得那麼困難。

在開始之前，我們先提供一個**案例**（智慧羊毛〔SmartWool〕是如何建立品牌的？），並以此解釋我們看待「品牌化」的方式。智慧羊毛的產品是以極為細緻的美麗諾羊毛紡織而成；過去20年裡，在沒做什麼行銷宣傳的情況下，取得了爆發性的成長；只因為該品牌把重點放在傳遞正確信號和創造迷人時刻上。一般想到羊毛襪時，我們可能都會覺得是穿起來有點刺癢或不舒服的感覺。但在穿上智慧羊毛的高級羊毛襪之後，卻會使人捨不得脫下它，這時品牌的**時刻**就誕生了。畢竟只要區區二十美元，就能讓你的雙腳擁有如此奢華的享受；當冬天來臨時，雙腳不再冷冰冰，而這雙襪子可以穿上好幾年。這種好事常有嗎？於是熱愛這個羊毛襪品牌的人，就會一次買上好幾雙，並且還會到處跟別人宣傳，或是把它當作禮物贈送，甚至與朋友們炫耀他們雙腳的愉快體驗；接著**體驗**、**銷售**和**利潤**就會在時間與空間下持續累積，最後創造出有價值且人人都想要的品牌。

這個觀點來自於一整套的**系統思維**。舉例來說，就系統思維的層面來看，我們在上發條與時間測量之間瞭解到，每個月的「時間」可能會受到重力、磁力和機械應力影響而減少個一、兩秒鐘，這時才算真的理解瑞士機械錶的重要原理；畢竟你看不到瑞士手錶的內部運作，可能會誤以為只要額外多上幾次發條，時間就會走得比較快。同樣地，如果不瞭解品牌價值的生成機制，你可能會覺得只要多多進行品牌化投資，就可以直接獲得更多銷售和利潤。基於此例，我們認為，「系統思維」才是有效檢視品牌世界裡的最好方法。

這本書並不是要教大家如何建立一個強力品牌並成為市場龍頭，我們也不會深入探討「訊息定位」或「品牌表現」的深奧藝術。我們是要提供一套新思維，來使眾人思考**品牌**和**品牌化**。當我們視品牌為一個名詞時，對品牌擁有者來說，品牌是個無形的資產；然而對顧客而言，品牌則是個盛裝信任的容器。就我們看來，在「時間推移」與「空間轉換」的過程中，任何品牌與大眾產生交集的時刻都算是品牌化，因此品牌化是個具備「主動性」的動詞，指的是**品牌與大眾之間的互動**。此外，你在閱讀本書時，不但會學到實用的心智模型，也能動動腦、做做那些具有啟蒙作用的「思維實驗」（thought experiment）。例如，我們會假設某個世界是完全沒有品牌的，並針對這個假設進行討論（小提醒：那不會是個好地方）。本書最後還會說明，品牌為社會帶來的經濟與社會價值，以及在其前方所面臨的挑戰與困境。

我們在書中所採用的是「數學」與「物理學」理論和原理，在過去數十年裡，經濟學和財政學中也是以此作為研究基礎。相形之下，行銷學則是最晚加入此行列的學科，不過倒是相當適用。然而，根據卡爾森管理學院（Carlson School of Management）教授馬克‧柏根（Mark Bergen）表示：「要建立一個完美的行銷理論，不但得仰賴經濟學，還得靠社會科學。」這就是《品牌物理學》要帶領大家進入的學術領域：一個相當美好且充滿智慧的境界。

隨著本書進入最後幾個章節，我們也會越往品牌和品牌化所面臨的困境深入探討，並仔細觀察人類的狀態、挖掘科技轉變文化的過程，以及品牌為現實生活帶來的各種價值；畢竟大家都是利用品牌在這個世界生存奮鬥、顯示社會地位，以及滿足需求欲望；而且也會花時間、金錢在品牌上，或藉由品牌來省時省錢。由此可見，品牌已經為我們身處的世界和社會帶來了全面性的轉變，使得我們共同生活在一個勇敢且嶄新的地球村。

最末，謝謝你們願意和我們肩並肩，一起投入這個深奧的品牌領域，若有其他見解或疑問，歡迎來信詢問：info@physicsofbrand.com。

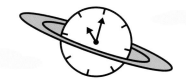

66
01

物理學 ＋ 品牌
PHYSICS ＋ BRANDS

把迷人的超級理論、系統思維、方法、承諾、女人、男人、出生、死亡、時刻、品牌定義和神經科學全都丟進這只鍋子之後，一面俯視著鍋子，一面朗誦極富哲理意涵的咒語，直到心中浮現一抹微笑。此時表示，你已經帶著全新視野，走進充滿物理學、品牌、企業與大眾的世界了。

在接下來的章節裡，大腦將帶領你到肉身從未拜訪過的地方，而下次當你有機會親身體驗這些原本只存在腦海中的經歷時，就會對這些嶄新的想法抱持好奇又尊敬的態度。

現在，先充分發揮想像力，好好享受這趟旅程吧！

此刻最重要的是……

品牌＋大眾＋時間＋空間

物理學在古希臘文中指的就是「自然知識」，這是門透過時空來研究「物質」與「運動」的自然科學；我們現在正要透過物理學來仔細探究品牌。在此章節要討論的重點是品牌的**實際功用**，而非品牌所傳遞的訊息。我們會以科學思維作為基礎來進行品牌和品牌化的研究。

將物理學與**品牌**結合在一起，確實會碰撞出激烈火花，畢竟物理學給人很「硬派」的印象；而品牌在人們心中建立起來的形象則是「軟調」的。再者物理學是門「科學」；品牌則是種「藝術」。關於這部分，後續章節會有更進一步的解釋。物理學著重邏輯和運算，但品牌卻是種哲學；因此可能會有人認為，把這兩個字眼擺在一起，多少有點失之狂妄。

不過，我們會運用物理學的概念，透過「時間」和「空間」來闡述品牌與大眾的推進歷程，並以系統思維的角度出發，來檢視品牌及其多重的相互依賴關係。在時間推移與空間轉換的情況下，品牌每天都與大眾產生衝撞；對此，我們也發展出了新工具來衡量這些衝撞。畢竟想要管理一件事，就得先具備衡量此事的能力。

因此，我們針對品牌發展出了全新的系統方法：希望透過時間和空間，好好審視品牌和大眾之間的實際互動。在接下來的章節中，我們會詳細說明品牌化的發展過程，以及品牌具有價值的原因。為此，我們研發出三種理論模型來協助大家理解這些相互作用。

三個迷人的「超級模型」

時間、空間、雅各階梯

有別於坊間一般理論的「模型」（model），可能得是某些獨具慧眼的人，才會覺得我們研發出的模型有著迷人之處；所以接下來，如果你想不理會這些「把簡單事物複雜化」的模型，那就請便吧……這是可被理解的。

我們的時間維度模型（圖 1.1）分成三個維度：① 個人認識品牌的**第一時刻**；② 認識品牌後的**大量時間**；以及 ③ **時間速度**。這些維度可以套用在每一個體，或每位與品牌互動的人身上。我們對第一時刻的定義，並不單是最初的接觸或接收到信號的那一刻，反而是指個人對品牌「產生記憶」的第一時刻；而大量時間則是指一個人和品牌互動的累積時間；至於速度，則是指花費在品牌上的時間及其增長率。

我們的空間維度模型（圖 1.2）有四個維度：① **品牌擁有者**、企業家或行銷人員，負責提供文化、歷史及所有在組織保護傘下的事物；② **品牌管理者**、企業、媒體、名人、零售商、經銷商、代理商、顧問和夥伴，負責處理品牌擁有者的消息、產品和體驗；③ **社群**或我們最親近的人，包括親朋好友、同事及我們信任的人；④ 他人或**自身**購買、試用或享受品牌的體驗。

至於我們的雅各階梯（Jacob's Ladder）模型（圖 1.3）則是上述兩個模型**啟動並開始運作**後的結果，而且時間和空間維度模型裡的信號，都必須經歷我們所謂的雅各階梯，亦即：信號→感官→時刻→記憶→能量→銷售→利潤→價值。大眾透過感官取得信號後，會先以信任機制進行篩選，包括信號來源和社交關係，最後才會讓這些信號抵達大腦；所有品牌都必須先經過這麼複雜的互動過程，讓大眾產生記憶並累積其能量。

大眾與品牌擁有者是否相遇，全得倚賴決

圖 1.1　時間維度模型

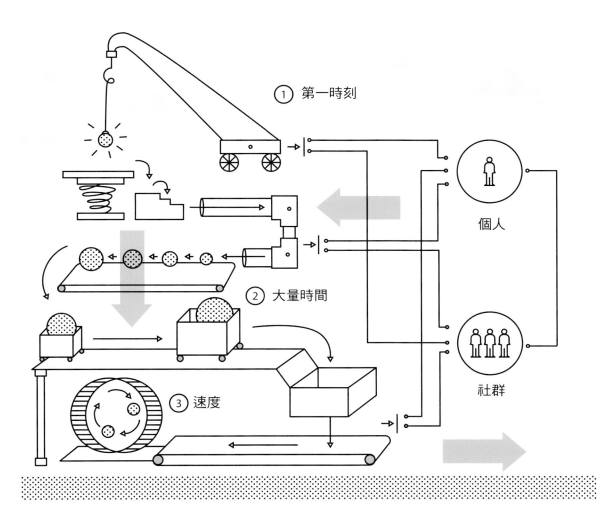

① 第一時刻

② 大量時間

③ 速度

個人

社群

❶ 個人（你）認識品牌的第一時刻，並產生了記憶（以棉花糖為例，但也適用於其他事物），之後你、品牌擁有者及品牌管理者再發送信號給社群裡的其他成員。❷ 社群成員（如：親朋好友）產生了各自的第一時刻和隨後時刻，因此大量時間持續累積，且他們對棉花糖的記憶也會增長。❸ 這一切開始為你和社群帶來光彩，因為相互作用時間已形成一條漂亮的加速度曲線，製造出了更多的棉花糖記憶，有些人甚至還隨著棉花糖，培養出與熱可可共度美好時光的記憶。

圖 **1.2 空間維度模型**

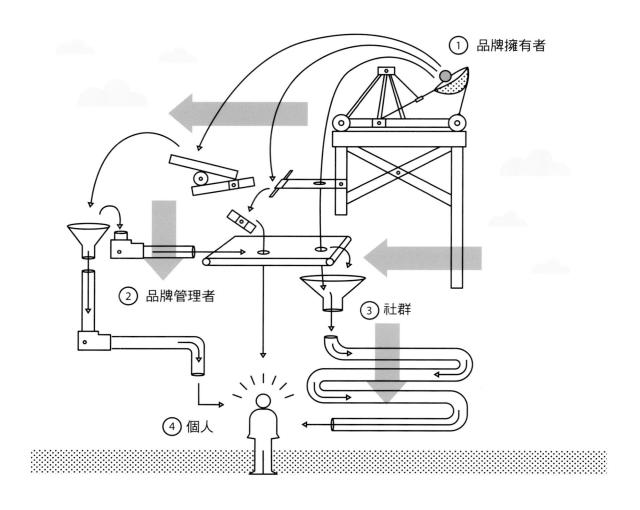

① 品牌擁有者
② 品牌管理者
③ 社群
④ 個人

❶ 品牌擁有者發出棉花糖信號到有形和虛擬世界，但我們都知道，這信號很難到魯布·戈德堡（Rube Goldberg）的太太妮娜（Nina）那裡，因為她正處在她所屬社群和對品牌的懷疑中，進而排除該信號。❷ 儘管戈德堡太太對此抱以懷疑態度，但你的品牌管理者還是持續發出信號。❸ 她聽到她的社群成員和親朋好友在大力讚賞你，但在信任與懷疑之間拉扯乃人之常情。❹ 戈德堡太太得到了幾顆棉花糖，於是你有了和她建立一段美好且持久關係的機會，讓她產生重複購買的意願。若你覺得從品牌擁有者的角度來看實在太困難，那不妨嘗試以棉花糖消費者的觀點出發吧！

圖 **1.3** 雅各階梯

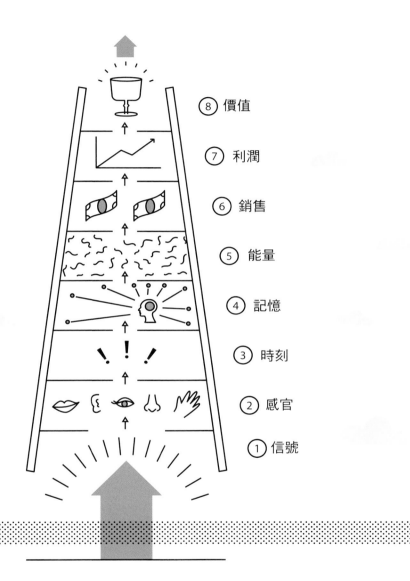

⑧ 價值

⑦ 利潤

⑥ 銷售

⑤ 能量

④ 記憶

③ 時刻

② 感官

① 信號

這個階梯可套用在任何品牌上。首先，信號波會被傳送到我們的感官，兩者一旦對上，就會產生難忘時刻。之後隨著速度加快，這些時刻會聚集成一股能量，促成銷售行為。此時，如果設計出來的商業模式正確無誤，利潤自然會伴隨著銷售而來，並創造出更多價值；不過這份價值是由品牌擁有者所獲得，而非管理者、社群，當然還有個人；雖然這群人還是會繼續保持自身對該品牌的價值認定。儘管對擁有者來說，品牌的潛在價值是（幾乎）填不滿的，但與他人共享，才可讓每個人都參與這個填滿價值的過程。

策。在這個過程中，大眾是根據自身對品牌所產生的能量、信賴和欲望來挑選產品；品牌擁有者則是負責決定品牌化投資策略和價格，最後再依據兩者的選擇結果激發實際行動。在有了行動之後，銷售和利潤自然會隨之而來，最終為品牌擁有者和個人帶來各自的品牌價值。透過雅各階梯，即可清楚看到信號轉變成時刻、記憶和品牌價值的過程。

當我們把這些模型放在一起討論時，就會形成品牌傳播系統模型，可以藉此針對「思維實驗」好好探討一番，並激發新想法來改善品牌化的過程和理解品牌價值；但在這之前，我們必須先搞懂每個因子所具備的價值。我們會在第二章深入探討時間模型。空間模型則是留到第三、四章，並利用第五、六和七章說明雅各階梯，最終的整體系統，則是留到第八章詳述。

我們都是真實存在的生物，同時我們也都只是短暫停留在這個世界上而已。因此，為了要更進一步瞭解時間與空間維度，在此我們做了一個假設：人們的「感官接收」會隨時間的推移而演變，並在這些空間和時間維度中，提供更具深度的變化。而雅各階梯，就是以這真實且複雜的轉移過程作為基礎，進而形塑出的簡易模型。每個人都想挑最簡單且沒有阻礙的路走，而時間是最穩定且永恆不變的因子，正適合用來作為基本實驗條件。

◉ 特殊且多面向的關注品牌
我們的承諾

就像探討物理世界或物理學的次原子粒子時，必須跨領域研究行星與銀河一樣。在檢視品牌時，不但得先研究人類的神經元，還必須觀察全球的製造、傳播和分配系統。正如同物理學家會想要研究「物質」在時間與空間狀態下的移動那般，行銷專家也會想要知道「品牌」是如何在時間與空間的狀態下進行推移。

品牌並不會以直線的方式進行推移，反而跟

由微觀／巨觀層面看「歐若拉」

提到「歐若拉」（Aurora），多數人都知道是指北極光；但想知道這光彩耀眼的光芒是從何而來，就必須深入研究其微觀層面的互動。而由巨觀層面來看，歐若拉是太陽從天上釋放出來的一股能量。這股能量與太陽風相伴出現，並且由一連串的帶電粒子所形成的。當這些粒子進入到地球的一定範圍後，就會與地球磁層產生互動，使空氣分子發生游離作用，激發形成極光。不過至今整個過程（尤其是微觀層面）還是沒有被完整瞭解，而學者們依然積極不懈地在研究中。透過歐若拉這個例子，其實也就反映出我們試圖藉由數學來建立模型，解釋大眾與品牌在時間和空間內的互動行為。

大眾一樣，會在不同時間與空間下，隨著碰到好運或壞運，可以一夕爆紅，也能一落千丈。因此想要將固定的數學公式套用在人類與品牌上，恐怕是行不通的。於是我們採用了「動態模擬」來取得解答，這個方式能夠在時間緩慢推進時，將當期的結果帶進下一期。（這部分先在此打住，之後我們會在第八章好好解釋這美麗迷人的數學習題。）建立品牌的過程其實是十分講究的，得在藝術與科學間取得完美平衡，所以即便你以為一本以物理學來探討品牌的書籍，應該會把重點擺在科學上；但我們還是比較喜歡花多一點時間來談論藝術層面。

在瞭解這些實際上的前題後，其實物理學家和行銷人員所採用的方法是十分雷同的；例如，民族誌研究（Ethnographic Research）是一種常

見的品牌探究法，執行方式就是在當地與顧客直接進行「面對面」的研究和互動。民族誌的學者就跟物理學家一樣，會直接觀察和解讀人們的行為模式；而物理學家也會在大自然中尋找規律，並藉由實驗和數學原理來解釋他們所看到的一切事物。不過，現在市場研究人員所缺乏的，就是一項禁得起時間考驗的數據；這也是我們想要修正的地方。

因此，我們不但設計了一個品牌模擬工具「歐若拉」；希望能以此輔助說明部分本書要闡述的概念，並把它放在我們的網站上跟大家分享（www.physicsofbrand.com）。你可以一而再、再而三地隨意瀏覽這個網站，就像我們反覆從特定概念講到一般理論一樣。在設計歐若拉時，我們使用了大量物理數學（Math of Physics），而歐若拉就如同培樂多黏土（Play-Doh）般，讓這些概念變得更加具體，使你能更加深入檢視你的品牌狀況；而這類型的動態模擬現在也已被當代學者和金融分析師拿來使用。

知識跟微小粒子一樣，最好藉由**波動**來傳遞，而不是像消防水管一樣，一路通到底；不過在我們繼續往下個部分探討之前，最好先確定我們對品牌有同樣的認知。

❯ 品牌可以什麼都是 也可以什麼都不是

何謂品牌？

根據我們的想像，品牌既可真也可假，所以解釋起來相當複雜。品牌的出現，目的是為了取代顧客和工匠面對面的交易行為，亦即將交易模式從「我用山羊跟你換一頭豬」，轉換成「我真的可以相信這壺裡面裝的是葡萄酒嗎？」

起初，品牌指的就是人們的名字或家族姓氏，像是法莫（Farmer）、布徹（Butcher）、貝克（Baker）、坎德勒（Candler）、米勒（Miller）、休梅克（Shoemaker）、卡朋特（Carpenter）、邁納（Miner）、史密斯（Smith）和戈德（Gold）。

這些都是世代傳承的名字或姓氏，並隨著他們對產品的卓越技藝而逐漸發揚光大；由於他們彼此為鄰，倘若販售劣質商品，便會讓自己暴露於高風險中，特別是在這些人都喝得酩酊大醉，手裡還握有武器的時候。

接著，因為工廠與火車普及化，整個工藝系統也有了一百八十度的轉變，而這些現代發明也快速**拉遠**了生產者和顧客之間的距離。在生產者位於他州或他國的情況下，萬一你吃了虧，不管是要拿回你的錢還是訴求正義，都只會變得更加困難。因而使得我們當今的生產系統需要建立信任感，正式進入現代品牌化的世界。

每個人都需要盛裝「信任」的容器，而且就人們的天性來看，風險報酬比至少要達到 1：2 的程度，才足以使我們願意承擔風險，因此品牌也逐漸變成我們盛裝信任的容器。進入 19 世紀晚期，隨著英、法兩國為了要保護民眾免於受騙而授予製造商「品牌著作權」，品牌便開始出現大幅度的成長。到了今日，對公司企業而言，品牌的智慧財產權，就是他們盛裝價值的容器。

過去是由工廠、鐵路和印刷機「帶動」全球經濟，並加快了人與人之間的交易；然而到了 19 世紀末到 20 年紀中，大量的發明物和品牌接續誕生，包括室內水管配置、中央冷卻系統與加熱器、電燈、電話、汽車、真空吸塵器、洗碗機和洗衣皂等等，這些都成了人人渴望擁有的現代產物。

二次世界大戰後，美國為了避免未來的經濟陷入危機，同時希望能促進交易，政府、金融界和工廠等，便攜手打造了以**製造商**與**消費者**為主的社會。隨著時間過去，以往清教徒所推崇的節儉美德，也面臨到炫富心態的挑戰；這種轉變從二戰後所舉辦的露天展覽會便可明顯看到，當時會場上總是會出現成堆氾濫的玉米熱狗和遊樂設施。

其實，自二戰時期開始，行銷人員就開始用「消費者」來稱呼「顧客」，並開始採用「目標市場」和「市場滲透」這類的軍事用語。在這個

以消費導向的社會文化裡，大眾媒體也助了品牌一臂之力。原先建立品牌的用意是為了**彌補**買賣雙方之間的關係，然而「去個人化」的品牌卻並非如此。隨著時間過去，不論是強森雜貨鋪（Johnson）、代頓服裝店（Dayton），還是法蘭克軟體商店（Frank），全都被大型零售商給取代。這些零售商提供了各種品牌選擇，貨物多到從地板堆到天花板，而且人力耗費極為精簡，宣傳效果甚佳。

再加上二戰後，大眾廣告開始大打「消費者」品牌，只因產品研發速度減緩，此時的廣告公司，又稱為廣告狂人（Mad Men），便將矛頭轉向各品牌之間的微小差異，所有生產者和廣告商開始專注在產品的些微改良，希望產品能滿足民眾心中的期望，像是更潔白的牙齒、更新鮮的空氣或更柔順的頭髮。然而這些產品顯然都是他們針對民眾的焦慮感，以及日益增加的商業資訊所做出的努力。

隨著先前有線電視的引進，加上現今網路的誕生，到處開始出現爆炸性且雜亂的行銷資訊，這樣的媒體文化轉變，經常讓老一輩的人感到不解或沮喪。年輕人則是開始拒絕傳統媒體，並封鎖所有線上廣告。與此同時，我們選擇了Google 搜尋引擎，也是為了遠離那些殘酷的產品評論和購物指南。

不論是在酒宴場合或大樓高處上刊登廣告，麥迪遜大道（Madison Avenue）上的廣告狂人，最終還是**削弱**了大眾與品牌之間的信任，因為在這些廣告公司和廣告中對女性說話的態度，宛如在命令女性消費者一樣。在當時，家庭日常用品的購買，有百分之八十是來自女性，且高學歷女性也逐漸走上街頭，要求兩性平等，甚至同時努力推動消費者和環境保護運動，這也難怪民眾會這麼不相信品牌了！而且根據揚·羅比凱廣告公司（Y&R）的其中一份報告指出，在過去 10 年裡，民眾對品牌的信任程度，下降了五成之多。

這之中有一部分得歸因於廣告公司在那段「廣告狂人時期」的賺錢方式。過去要購買電視、廣播和雜誌的廣告時段或版面，一般都要支付百分之十五的佣金（部份國家稱此為回扣）給廣告公司。而且廣告公司、出版商和廣播公司會聯手說服品牌擁有者，不管是否有人瞭解大眾品牌廣告的運作模式，多打廣告就對了。但其實就算分析過許多案例，還是很難釐清品牌廣告的成效，只因為大眾媒體廣告相當有利可圖，廣告公司才將此列為所謂的「經常項目」，並說服客戶，讓他們相信建立品牌最好的方式，就是透過大眾媒體來打品牌廣告。這個廣告系統一點也不重視顧客需求，甚至沒有效率，不過此現象至今仍層出不窮。

至於「直效媒體」（Below the line）費用則包括市場調查、店內促銷、發送樣品、員工培訓、特別活動、贊助、媒體宣傳、促銷活動、售點陳列、設計及直接銷售等。現今的網站、部落格、社交媒體、點擊付費廣告，在當時也會被列入直效媒體內。此外，根據我們的模型和研究發現，比起大眾媒體廣告，這些直效媒體的廣告普遍都較具效益，這也就表示某個時代已經步入尾聲。

新時代已逐漸形成，且行銷理論家也已對「不錯、優質、極佳」的定義夸夸而談，並認為消費者只會在兩個有意義的選項之間做出選擇。隨著有線電視的熱潮衰退、大眾媒體的分裂以及網路的發明，大眾品牌廣告不再居於行銷組合的龍頭，品牌訊息也逐漸被網路評價和民眾明智的行為所取代。而因為世界越來越透明化，品牌訊息也跟著變得難以掌控，所以那些被亞馬遜（Amazon）、評論網站 Yelp 或是職場評價網站

Glassdoor 評比為一顆星的商家，生意都有可能慘遭滑鐵盧。

不過有些時候，還是值得砸大錢在傳統大眾廣告上。舉例來說，像 Apple 這類的品牌，因為旗下擁有可帶來高利潤的創新產品，如 iPod、iPhone、iPad 和 Apple Watch，需要快速被國內外民眾接納才能創造極大利潤，所以就可以積極使用大眾媒體來大打廣告；相反地，原本就擁有高知名度，且消費族群的媒體習慣是較為老舊的傳統品牌，如威而鋼（Viagra）、嘉信理財（Charles Schwab）和橄欖園餐廳（Olive Garden），就不太需要再打品牌廣告。另外，要推出產品、活動或直接銷售時，也可策略性地使用大眾媒體廣告。

品牌的概念也正在改變。以前我們認為**品牌**就好像國名一般，如象牙皂（Ivory Soap）、可口可樂（Coca-Cola）、美樂啤酒（Miller Lite）和桂格生命燕麥（Life Cereal）。但現在不論是零售商（亞馬遜、Etsy 和好市多〔Costco〕）、名人（吉米・法倫〔Jimmy Fallon〕、瑞絲・薇斯朋〔Reese Witeerspoon〕和菲利克斯・阿爾維德・烏爾夫・謝爾貝格〔PewDiePie〕），或是組織（哈佛〔Harvard〕和聯合國〔The United Nations〕），甚至是社區或部落（愛爾蘭〔Ireland〕、Reddit 和法國羅克福地區〔Roquefort area of France〕），都可被稱之為品牌。如果上述這些還不夠看，其實現在還有專門為獨立或自由工作者設計的「個人品牌」運動，且這類型的工作者變得越來越多。預估在 2020 年時，其人數會達到全美的百分之三十四。

不只大眾需要歸屬感，品牌信號也需要透過分享來吸引志同道合的朋友。品牌會將我們劃分成不同類型的人，就像我們也會利用品牌來尋找歸屬一般，而且品牌可用來吸引潛在友人或商業夥伴，國際品牌甚至能跨越文化障礙，作為連接世界的象徵。身處於選擇眾多且多元的世界，所有需求都變成了一種**渴望**，大家開始用品牌來代表地位、尋找歸屬感和刺激，甚至將其視作一種

消遣，畢竟生活充滿了各種焦慮和困難；而品牌正好提供了避風港，讓人們的注意力得以從現實生活中轉移。

早期的親朋好友們是跟麵包師傅、屠夫和木匠進行互動。接著是與零售商、品牌擁有者和員工交手。現在，只需透過網路平台，我們就能與他人建立互信關係，所以又開始回到與麵包師傅、屠夫和木匠進行互動的時代；同時，我們也因為社會對品牌有需求，所以就能透過規模經濟達成良好交易，為個人提供商品，並為生產者帶來利潤。

儘管男性大量參與了企業間的交易活動，但是在購買日常生活用品時，女性仍舊扮演著重要角色。普遍來說，男性在做重要決定前，都會想先聽聽女性的想法。既然現在我們都已經知道買家是誰了，那就來好好檢視她選擇購買的原因吧！那男性偶爾購買的理由又為何呢？這一切都要先從定義「品牌」與「品牌化」開始講起。各位！我們必須對這兩個詞保持同步認知，這點相當重要。

消費者並不傻，她們大多是人妻
這是女人國，一切以女性為尊！

在購買家庭裡的日常用品，有八成都是來自女性，而且有高達百分之九十五都是憑藉著「感覺」在消費。再加上，光是家用品的消費力就占了整體經濟的百分之七十，由此可見，男人們！在這裡你們不能當國王了……真是遺憾。我們為本章節下的標題正是廣告教父大衛·奧格威（David Ogilvy）的名言，顯然地，奧格威爵士早就明白，將女人稱為消費者所要承擔的風險，已是擺在眼前的事實。就連 Apple 公司的宣傳人員蓋伊·川崎（Guy Kawasaki）都覺得不需要將男性想法列入市場調查範圍，因為他認為男性根本不是重點，而且男人們怎樣也說不出個所以來。

雖然我們確實認為，全書中就屬這個章節最「政治不正確」，且這個議題誰也說不準。但只要是個明白事理的行銷人員，就不能忽視這項議題，畢竟其原始數據實在太過引人注目。此外，若要探討家庭中的工作分配，可能得從男女在歷史與生理結構上的差別來看，透過瑪莎·巴萊塔（Martha Barletta）的《如何賣東西給女性》（Marketing to Women），即可對此主題有更進一步的瞭解。

然而在現實環境中，「性別」是非常複雜的，就算我們自然而然地使用刻板印象去畫出明顯的界線，並將差異簡化，那道分界線仍然會有所浮動；我們唯一能夠確定的是，性別一直是我們首要考量的問題。哈佛大學的語言學家史蒂芬·平克（Steven Pinker）在研究多國語言後也發現，大眾在乎的事物和感興趣的話題，不外乎彼此之間的**連結**、**相對社會地位**，以及**性別**。

定義品牌的時刻
為「品牌」下定義

從事商業活動時，一旦有了品牌，就不再需要透過人與人之間的互動了。因此零售商與製造商在 1990 年進行的相互角力，隨著亞馬遜網站的出現變得更加明顯；甚至在亞馬遜推出實體店面，只要藉由即時拍照來掃描商品，再用手指輕輕一點，便能立即訂購以滿足購物需求。不過，早在網路誕生之前，我們就已經開始將零售商和通路商視為一個品牌了。

建立品牌的初衷，便是以此當作盛裝信任的容器，但許多人卻都忘了這點。這或許要歸咎於現代社會對品牌一詞的定義有著過度泛濫之勢，有時這些定義甚至會令人感到困惑。因此，我們整理出了少數幾個值得參考的定義，來幫助接下來的討論。舉例如下：

✦ 每個人都有靈魂，每項產品也都有專屬的品牌。——OCD 設計公司（Original Champions of Design）共同創辦人、教育家與設計師珍妮佛·金妮（Jennifer Kinon）。

這是最簡單瞭解品牌的方式，並從中理解我們（人類）發展出此概念的原因。想要建立一個成功品牌，就得讓大眾在使用品牌產品時，感受到品牌的靈魂。

✦ 品牌集結了消費者內心所有感受。——保羅·菲爾德威克（Paul Feldwick）。

雖然這些感受並非真正定義品牌的方式，但還是相當重要，因為接下來我們會針對人類的大腦、記憶及感官體驗是如何影響記憶進行討論。

✦ 品牌基本上就是個容器，讓顧客用來盛裝他們對產品和公司的完整體驗。——《幹嘛打廣告》（*The End of Advertising as We Know It*）作者瑟吉歐·柴曼（Sergio Zyman）。

「容器」和「經驗」（這裡指的是，過往的互動與特定的設計體驗）的概念，更接近我們提出的想法，且都是以顧客體驗為導向。

✦ 要看品牌做了什麼，而不是說了什麼。——尼克貝爾設計公司（Nick Bell Design）尼克·貝爾（Nick Bell）。

這個品牌定義將重點放在「品牌行為」上，並以此來對比品牌所傳遞的信息——此舉讓我們感到十分欣賞（畢竟實際行動才是真力量）。不過在瞭解實際行動是否具有力量之前，我們必須先搞懂品牌所要傳遞的訊息，因為唯有言行表現一致，才能算是真正具有說服力的品牌。

✦ 品牌就是「促成產品誕生的無形總和。包括名稱、包裝和價格；歷史、名聲和宣傳手段。」——《奧格威談廣告》（*Ogilvy on Advertising*）作者大衛·奧格威。

其實還有很多不同的品牌定義，直到我們撰寫本書時，一共多達二十五種，而且每本談論品牌的書籍都希望能夠提出最理想的定義。所以在此，我們也提出自身認為最好的品牌定義。

✦ 我們的定義：品牌就像一艘乘載著「意義」與「信任」的船艦，前進的動力來自「體驗」。

品牌等同個人的延伸。就像我們隨著時間推移，在日常生活中收集意義、理解，以及自我特色；品牌亦如是。同樣地，在你生命中遇到的領袖，會對你產生重大影響，品牌也是如此；與你最親近的人最懂你，也最不會欺騙你，品牌也是如此；當你在購買衣物時，會選擇最能修飾身形的衣裳，品牌也是如此。

品牌之所以存在，不單是為了確保信任並傳達意義；品牌還得跨越物質空間與社會距離，以提供經濟和社會價值。而在現代品牌化的過程中，我們卻遺失了許多人與人之間的互動關係。

▶ 展開「注入人類能量」行動
重新解讀品牌化

「品牌化」由品牌一詞延伸而來，是個積極的動詞。品牌化的過程，又可分為兩個面向：內部和外部。在一個組織內，品牌化意指品牌承諾與文化呈現一致的情況，正如馬瑞特（J.W. Marriott）所說的：「照顧好你的員工，你的員工就會照顧好你的品牌，公司營運自然會好。」身處網路發達的時代，致力於品牌的內部文化和外部實際表現，讓兩者互相應用也變得越來越重要；畢竟只要透過網路，品牌與社群媒體的應對方式及內部行為，外界便可看得一清二楚。舉例來說，如果一個人的推特（Twitter）有五萬名追蹤者，那麼他的推特就成了媒體，稍有漏洞也將由此發酵。

透明化不僅是個流行的新詞彙，甚至已經成為新形勢，不管內部發生什麼事情，不需多久消息便會走漏，就連 Apple 公司和國安局（National Security Agency）也無一倖免。所以，想要建立一個**強力品牌**，得先從內部做起，接著才是著眼於外部行為；你不但得考慮自己身分，還得讓言行保持絕對一致性。

相較之下，品牌化的外部活動卻已逐漸式微，甚至被削減到最小化，因為有些人宣稱，利用品牌化來建立公司或產品的品牌，這根本是無助於銷售的方式。實際上，我們可能也缺乏足以衡量成效的指標，畢竟根據品牌印象、覆蓋率和

思│維│實│驗

在辦公室架設一台攝影機，會對你的行為帶來什麼樣的改變？
如果你知道你奶奶可能會在攝影機的另一端監視著，你的行為又會出現哪些差
異？

出現頻率所設定的指標性效果早已全面崩盤；事實也證明，在公共關係上運用這些延伸指標，也只會將我們推往更錯誤的方向。

實際上，像干擾、耍花招、折扣、優惠券、會員價、減價等策略，都不能列入品牌化的範圍，因為品牌化的重點不在價格，而是在**產品的特質**上。然而對行銷人員而言，上述這類「非品牌化」活動確實很吸引人，因為它們具備兩種鮮明特點：擁有多種指標作為衡量基準、立即引發購買動機。也因此，過去數十年來，在價格至上的策略驅動下，所努力的成果反而比較偏向商品，而不是品牌。

以 Groupon 團購網為例，這個網站提供五折的優惠券給消費者，企圖以此模式產生購買能量，收益，以及忠誠度。不過請試想，如果大眾也可以使用 Groupon 優惠券來購買你家品牌的產品，那會產生什麼樣的結果呢？民眾會因折扣前來觀看，在為之著迷後進而購買優惠的產品，但未來卻不一定會持續消費。這種策略雖然能為品牌銷售帶來一股飆漲浪潮，有時卻也會造成營運問題，而且勢必得犧牲掉一些利潤；除此之外，既有的品牌忠誠者之品牌體驗，肯定也會大打折扣，因為他們過去從未享有如此優惠的價格；至於 Groupon 團購網的顧客們，仍舊忠心於 Groupon 這個品牌──以優惠價格來體驗各種品牌的產品。如果這群喜歡撿便宜的消費者回流了，那麼他們便得用原價購買先前以優惠價擁有的體驗。透過 Groupon 案例便可知道，該如何在

大量客製化的規模下，以價格策略來降低大眾對其他品牌的忠誠度，同時讓自身品牌快速茁壯。

長久以來，不論內部或外部的行銷專員都有個疑問：「我們都知道品牌化很重要，畢竟大家都這麼說，但其重要的『程度』就難以衡量了。」而且每當被問起該如何建立一個品牌時，許多行銷人員都先把重點放在廣告上，之後才去考慮其他原則。

如果你是位年輕的行銷專員，我們不怪罪你有這種想法，畢竟你在學校所學的都是過時觀念，但為什麼會這樣呢？有可能是你的教科書還在使用「整合行銷」的概念，書本裡有四分之三的內容都在講述廣告和促銷，最後才提到一點點「不」涉及異國拍攝、模特兒、社交宴會和數百萬美金媒體購買預算的行銷手法。

閱讀一下最新版的《廣告和促銷：整合行銷傳播理論》（*Advertising and Promotion: An Integrated Marketing Communications Perspective*），內容仍以傳統廣告為主（電視、印刷和廣播），其次才是體驗設計、產品設計、公共關係、數位與社群媒體、購買點（point-of-purchase；簡稱 POP）和包裝，且分配比還是 3：1。他們將廣告和行銷混為一談的行為，就像把好萊塢電影（Hollywood films）與娛樂媒體視為一體，而大大忽略了電視、遊戲及網路媒體。但從時間和財政收益的角度，後者比電影產業來得受歡迎，光靠電玩遊戲就能獲得兩百四十億美元的收益，而電影卻只有一百億美元。

唐‧德雷伯（Don Draper）身處的 1960 年代是個廣告時代，但現今的世界早就不同於此了。然而，我們的教科書卻不管世界早已快速地轉變，還在針對過去社會裡的華麗炫目表象加以描述，這樣的教材要如何解釋當今那些不靠廣告即可達到品牌化的情況？像 GoPro、Airbnb、優步（Uber）、好市多、星巴克（Starbucks）和露露檸檬（Lululemon Athletica）等品牌就是這樣的案例。它們以貼心又人性化的設計體驗，成為這些品牌具備的真正價值，這才是上述問題的根

本解答。

▶ 在充分瞭解「品牌」後
來定義「品牌化」吧！

　　若「品牌」這個名詞是種資產，那麼品牌化這個動詞，指的就是**讓資產開始運作**。而我們也在此列出了幾個值得討論的品牌化定義：

✦「品牌化是個商業活動，要以世人不致於感到反感的方式，找到並慶祝產品或服務中最有趣的部分。」——不曾忘本的明尼蘇達人達夫納・加伯（**Dafna Garber**）。

從這個觀點來看廣告世界可說是有趣又真實，這也是廣告專員試圖讓真相變有趣時所面臨的挑戰。

✦「品牌化是讓大眾對你公司產生的觀感，以及他們實際對你公司的觀感達到一致的一門藝術，反之亦然。」——任職於數位行銷公司**Convince & Convert** 的傑伊・貝爾（**Jay Baer**）與安柏・娜絲倫（**Amber Naslund**），兩人共同撰寫《即刻革命》（*The Now Revolution*）一書。

此定義將品牌化限縮在「對應」上，但品牌化還包含開發產品的新用途或新的使用場合，抑或試圖吸引不同市場。因此就品牌化來看，「對應」是個被動方法，而非主動。不過對許多傳統品牌而言，這是他們唯一能做的事了。

✦「品牌化就是那些懶惰、沒效率的行銷人員，為了要殺時間和裝忙所做的事。」——大衛・米爾曼・史考特（**David Meerman Scott**），暢銷書《即時行銷和公關》（*Real-Time Marketing and PR*）作者。

若不能從人性中找到一點樂趣，那我們在成長過程中必定遭受扭曲。

「品牌化」跟「品牌」一樣，都有著各式各樣的定義，雖然不少定義將這兩個詞彙混為一談，讓每位行銷專家感到詫異又尷尬。但上述這些品牌化的定義，還只是將重點擺在行動或活動上。有些人認為品牌就像船艦或資產，品牌化則類似點燃火箭或移動推進器的這項舉動。

　　若以我們的觀點來看，品牌化就是**持續地以意義和信守承諾，來填滿品牌價值的行為**。

　　現在，我們都對「品牌」這艘船艦，以及其行駛活動都有了相同認知，所以在之後的章節中，我們要開始探討「推動」品牌的那股能量，並釐清能量來源——其實這也是本書主要討論的部分。不過現在，我們打算先把重點拉回來，多闡述一些過去發明品牌的原因，以及領導者與管理者「正確」看待品牌的態度。

　　現在，我們已經發展出了全新架構，能夠幫助你瞭解品牌擁有價值的原因，以及建立強力品牌的方法。但我們首先得修正你錯誤且矛盾的觀念，以確保我們在學習新觀念前，都具備同樣的認知。

▶ 天啊，我到底做了什麼？
品牌活起來了！
品牌的誕生

　　「品牌到底什麼時候才算活著？」這個問題我們三人已經仔細討論過好一段時間，甚至還透過社群媒體向行銷專員們發問。可惜的是，我們得到的答案並不理想。多數從事行銷、設計或創意產業的專員都認為——未達到一定規模的品牌就不能算活著。然而，這番回答又讓我們陷入另一個困境：「什麼時候品牌才能被稱為『品牌』？是一萬個人聽過，還是十萬人？又或者是一百萬人？還是要根據品牌產品的收益來決定？如果是這樣，那麼，一個品牌的誕生需要多少收益？」

　　這種以**經驗值**作為門檻的指標，根本不值得參考。因為你會發現，有些小品牌僅受一萬人喜愛，還打造地相當成功，達米恩・赫斯特

思｜維｜實｜驗

為何品牌與大眾的互動，會在時間和空間內進行？

（Damien Hirst）的當代藝術作品就是一例。赫斯特販賣的鑽石骷顱頭和鯊魚標本，售價高達一千九百萬美元；由此可見，只要利潤夠高，小品牌也是可以闖出一片天。

至於收益部分，請先想想，為何 Facebook 願意以十億美元買下沒有營收模式的 Instagram？這是因為 Instagram 擁有廣大用戶，至今人數仍在快速成長中。此外，若你曾討論過一個品牌的誕生便會發現，媽媽其實才是最懂品牌的人。

▶ 關於品牌，問媽媽就對了！
最瞭解品牌化的人，非她莫屬

沒錯！這是真的。因為一般要在矽谷（Silicon Valley）創業，都是從車庫起步（不好意思我們得以此為例）。然而，你要把車庫當作工作地點來創業，並在幾次討論中想好公司名稱，也已經註冊好網域，最後是將這件事告訴你的媽媽，在獲得她的同意後後，一切就正式開始了。

從你告訴媽媽：「媽，我們公司就叫 "blopotyboop"」而且明天就會啟用 Facebook 粉絲專頁」的那一刻起，媽媽便成了你的首位觀眾（好像不太客觀），並正式賦予了品牌生命。一般來說，媽媽都會回答：「好啊，我的乖兒子，做得很好，好好經營吧！」又或者她會問你腦子裡到底在想什麼。但不論是哪一種，一旦媽媽知道你的品牌存在，你已經算是建立好品牌了。

不過，從政府的角度來看，這之中仍有些許的差異，因為品牌建立主要取決於創業的地點。

舉例來說，如果在美國創業，就需要根據你召開年度會議和繳稅的地點，來向州政府申請登記；若想註冊美國商標，也得向美國專利及商標局登記註冊（U.S. Patent and Trademark Office）。雖然各國的法律不盡然相同，但保護專利和商標的概念是全然一致的，所以一定要明確地告訴聯邦政府，你所登記的事物屬「你」所有，而且還要申請智慧財產權作為合理的自我保護，如此一來，只要你的申請範圍未與他人重疊（以同類型商品名稱命名），應該多半都會獲得核准。當然，品牌命名是項艱鉅且需要十足創意的工作，對從事該項工作的人來說，上述所說的根本是將這套流程過分簡單化，但我們只是為了方便解釋，並無不尊重或冒犯之意，還請見諒。

最重要的是，你必須比他人更快認清你的品牌還活著的事實。經營品牌就跟撫養小孩一樣，頭幾年是最關鍵的時刻，而且身為父母，你必須為這品牌的誕生負責，並給予它成長的機會。

▶ 想瞭解如何建立品牌，得先知道品牌如何走向滅亡
品牌會死亡嗎？

品牌什麼時候才算真正死去？這是現代品牌管理中，最弔詭也最有趣的部分。舉例來說，作為一個品牌的美國能源公司安隆（Enron）確實還存在，但以公司角度來看，它跟死了沒兩樣。這間公司的網域（Enron.com）不但賣不到錢，就算送人也乏人問津。因此，對那些認為「品牌之所以為品牌，就是因為有收益」的人而言，這個案例似乎不太吻合，而且你可能早就想到其他例子來證明事實並非如此。假如我們將品牌定義為存在我們集體記憶中的事物，那品牌確實是會慢慢地死去。不過在未來的數位世界裡，品牌或許會長久存留在人們的集體記憶中，所以根本不會死亡。

然而，這當然還是無法阻止時事評論家列出未來一、三或五年內會死亡的品牌清單。如果你

效力於這些品牌，大可不必過於擔心，畢竟能被列在清單上的品牌，肯定享有國際知名度，所以距離死亡還差得遠呢！最近被列入清單的品牌，包括生活社交網站（LivingSocial）、美國論壇公司（Tribune Media Company）、傑西潘尼連鎖百貨（JCPenny）、黑莓公司（BlackBerry）、西爾斯控股（Sears）、奎茲諾斯連鎖速食餐廳（Quiznos）、國家女子籃球協會（WNBA）、紅龍蝦餐廳（Red Lobster）、索尼企業（Sony）和富豪集團（Volvo）。

如果你真的瞭解何謂品牌，便會知道至少在未來的 100 年裡，上述這些品牌根本不會消失不見，而且只有品牌誕生的早晚之分，品牌的死亡有可能永遠都不會出現，因為就理論上來說，品牌和企業都是永垂不朽的。

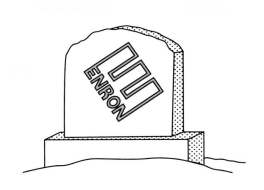

▶ 大腦思考品牌的方式

來聊聊大腦科學

對於大腦和品牌及行銷之間的關係，你知道多少？更重要的是，究竟還有哪些是我們不知道的？這兩個問題也是本段落討論的重點，因為當我們以為自己無所不知的時候，就會覺得品牌化像開關電燈一樣簡單；但有時候又會覺得這實在太過複雜，根本不是透過單一組織之力，就能夠學習並理解的領域。

> 早在 1990 年代，科學家就發現了人類的基因組。現在他們又以此當作基礎，迅速對大腦展開探索；利用功能性核磁共振成像（FMRI）來掃描大腦，並配合大數據來理解大腦分別會以哪些部位來回應不同的刺激物。

當今世界上最厲害的一台電腦，就是放置在美國橡樹嶺國家實驗室（Oak Ridge National Laboratory）裡的泰坦超級電腦（Titan），總耗電功率最大八點二兆瓦，面積約佔四百平方公尺；然而人類的大腦有一千一百三十立方公分大，總耗電功率才十二瓦，大約是冰箱裡電燈泡的三分之一。沒錯，隨著科技的進度，電腦可能會是最終贏家。但是就目前看來，電腦聰明程度跟老鼠沒什麼兩樣。

小小的大腦究竟是如何發揮那麼多的功用？答案就是**建立捷徑**。我們的大腦之所以能夠有效運作，靠得是「捷思法」，這套方法是經過數千年的學習和演化得來的結果。同樣地，若要建立有價值的品牌，也是要依賴捷思法來建立捷徑，一旦我們對品牌產生**信任感**，每當要做出決定時，便不需消耗十二瓦的功率。由此可見，品牌能讓我們的生活變得更加簡單。

如果你的品牌是眾人首選，那就表示，你的品牌在多數人的大腦中占了絕大比重，你的任務就是讓大眾**繼續**選擇你的品牌。但如果你的品牌才正要嶄露頭角，那就得想辦法打破大眾的選擇型態，或讓他們產生不一致的感覺。你必須封堵、更正或改變顧客的選擇捷徑，讓他們轉個方向並選擇你的品牌。利用折扣與削價來吸引顧客也是一種方法，不過這同時意味著，你得放棄部分利潤，並從事反品牌化的活動。因此，選擇與零售商合作或許會比較好，讓他們特別照顧你的品牌（將你的品牌產品放在最理想的陳列位

置）。抑或讓他們使用你的品牌作為每週廣告傳單的封面，這麼做的成本可能較為低廉，破壞效果也相對較佳。

我們都知道，人們在看到小寶寶或小狗的圖片時，大腦會產生反應，情緒也會隨之起伏：這根本不需要透過功能性核磁共振成像來確定；研究腦部運作的真正要點是，我們得瞭解大腦分別利用哪些部位來掌控你我的行為、記憶和情感。話雖如此，我們還是不能太衝動地妄下定論，畢竟我們總不能因為瞭解這些事情之後，就判定一位爸爸走在賣場商品通道裡尋找洗衣精時，會做出什麼樣的選擇。再怎麼說，他還是無法預測的生物，而且我們必須尊重這項事實。

在我們對大腦有了更深一層的認識後，才能進一步瞭解品牌。**有記憶，才有品牌**，所以對品牌擁有者來說，瞭解過去記憶產生的「時刻」和「方式」，以及多少人的大腦中有這個「記憶」，就變得相當重要。舉例來說，藍斯（Lance）對美樂啤酒有五個難忘時刻，山姆（Sam）則有十個。藍斯的記憶包括騎著腳踏車穿越愛荷華州（Iowa）、啤酒罐的顏色與味道，以及騎了一整天的單車後喝下冰釀啤酒的感覺。山姆的記憶則是叔叔在釣魚，然而這個回憶不美好，這也是他現在只喝精釀啤酒的主要原因。雖然形成「品牌記憶」（brand's memories）的數量值得研究，但我們同時也必須理解，這些記憶產生的「背後動機」和「情感」。

如果我們能夠明白人們產生品牌記憶時的感受，那麼我們會比較容易瞭解山姆不再選擇美樂啤酒的原因，甚至還有機會拉他重回這個品牌的懷抱。也因為現在的品牌擁有者能取得與記憶、情感和動機相關的大量數據，加上我們對人類大腦運作有了更深入瞭解，想讓山姆重新在他的啤酒保冰套裡，擺上代表美樂啤酒的藍色啤酒罐應該不是夢。

由「個人」轉為「消費者」
反映大眾的生活

有如上述所言，二戰後，為了避免經濟衰退和反抗共產黨，美國政府與企業聯手，將「生產社會」（producer society）轉變成以消費為導向的社會。美國在這方面雖然是個生手，卻也迅速地成了購買與消費的專家，品牌也因此成為一種信仰。在這個過程裡，大眾把人類**行為**看得比人類**本身**還要重要。姑且不論其他產業，我們可以確定的是：這對倉儲產業的發展相當有利。

然而這套反向而行的消費運動，終於也開始面臨新時代帶來的新導向。如今，許多團體都在催促我們調整集體消費觀念。隨著「設計運動」崛起，環保和極簡主義也開始並肩而起；而且花費越多時間設計的產品，一般都會比較優雅耐用。此外，品牌擁有者如果願意投資「系統設計」（systems design），不但能降低成本、減少資源浪費，還能增加顧客效益及利潤。威廉·麥唐納（William McDonough）是名設計師，同時也是現代環保人士，像他這類的設計師們共同提出一個全新觀念：負責任的顧客會使用負責任的品牌。這只是其中一個小小例子而已，諸如此類的意識形態逐漸抬頭，也有越來越多人對此感興趣，估計之後還會持續增加。

人與人的連結
B2B、B2C、C2C 和 P2P

對我們來說，企業對企業（B2B）、企業對消費者（B2C），以及個人對個人（P2P）等市場都十分有趣，不過我們現在才處於初期階段，也就是「企業對企業」市場中的品牌擁有者正在管理他們的品牌。實際上，這些品牌擁有者早就處於這個階段了，只是大家都沒意識到罷了，因為他們總說：「我們旗下沒有品牌，我們的互動全都是企業對企業。」這個說法不禁讓人產生一個問題：「企業與人類之間，有互動關係嗎？」緊

接著又產生了另一個疑惑:「你在業界算有名嗎?」事實是,你不一定要在知情的情況下才算擁有品牌,但你若要想要好好管理品牌,就必須瞭解實情。

長久以來,在「企業對消費者」的市場上,大家都知道品牌很重要,但卻並未站在以「人」為本的立場來思考消費者,這問題就像「企業對企業」中的品牌擁有者,總看不清自身品牌就擺在眼前一樣。如果你只把大眾當成消費者、購物者、買家或其他與交易行為相關的稱呼,那麼你便錯失與大眾建立更深廣關係的機會。許多「企業對企業」的品牌擁有者占有的優勢就是「面對面交易」。透過這種交易模式,就能將品牌與之連結,最後再由人類完成交易。

接下來,我們要瞭解的就是人類了,因為在所有事物被電腦和機器人取代、所有交易行為也都電子化之前,我們還是處於「人與人」互動的世界,儘管我們會跨越文化、信仰體系和地區進行交易,但所有商業行為還是發生在人與人之間。

> 研究品牌,等同研究人類

凝視周遭細微之物

作為人類,我們之所以發明品牌,是為了跨越時空且提高交易時的信任感。我們無法將品牌從日常生活中拆除。試想一整天沒有看到或消費任何類型品牌的生活,將使人會明白,除非你身處於尼泊爾深山裡冥想,否則這根本是不可能的事。

品牌不會消失不見,它們一直都在,而且還會「移動」跟「演變」。因此作為一名普通市民,我們還是得理解品牌在我們生活中究竟扮演著什麼角色。唯有瞭解一切,才會知道該如何改善品牌的管理模式。

仔細瞭解每個品牌的歷史後,你會發現品牌的起源、創辦人,甚至是它被賦予生命的瞬間,這些都與人類生活脫不了關係,而且品牌建立後

的頭幾年,對品牌成功與否有著重大影響。這就跟撫養孩子一樣,都是一種挑戰,而且從小就得灌輸他們正確觀念;此外,孩子很快就會長大、離家,最後找出自己的道德決策方向。因此,只要給予他們正確工具來處理所需要面對的情況,他們就有機會生存,並且繼續茁壯。

還記得有關品牌物理學家的事嗎？
難忘時刻

你所購買的每本好書，都需要藉由各種思維將之串成一體。記憶，就是構成思維的關鍵元素。在此我們會整理出一些重點，幫助你記住所學之物。雖然這無法取代整個章節中所提及的豐富知識，卻足以讓你簡單地與他人分享想法，也能夠刺激你的腦袋，使你對這些想法加以應用，這才是最重要的重點。這同時也是我們為理想讀者所設計的「難忘時刻」。

1 品牌和大眾會在時間與空間內進行互動，這些互動正是我們最需要研究之處。雖然品牌傳播理論十分完整、有用，但畢竟在現實生活中，品牌和大眾會在時間和空間的狀態下產生交集。因此，我們還是得保持理智，務實一點。

2 品牌的運作是在複雜的社會系統下進行，「大眾」就是整個系統的中心，旁邊圍繞著他們信任的社群，接著才是不太被信任的品牌管理者（如廣告公司、公關公司、供應商、媒體和零售商）；至於圈圈最外圍則是品牌擁有者。透過我們的三個空間維度就能清楚知道品牌所面臨的社會挑戰，而且在這趟過程中，女性才是主宰一切的王者。

3 品牌發送信號到社會後，再由大眾進行接收。如果設計得當，這些信號就會變成迷人且難忘的時刻，久而久之，這些時刻會轉變成長期記憶與習慣。一旦大眾擁有許多正面記憶，就會為品牌帶來能量、銷售及利潤，我們將此過程稱為「品牌能量的雅各階梯」。

4 品牌在時間裡誕生，其長度與狀態都對品牌的可信度造成影響。大眾體驗品牌的時刻與體驗設計，也是品牌能否成功的關鍵。累積大量投入在品牌上的時刻後，就會讓大眾發展出消費習慣，而移動快速的品牌即能創造出特別的速度和品牌能量。爾後，品牌能量也會像病毒般在大眾的社群網絡中蔓延開來，這些不同階段就是我們所謂的「時間維度」。

5 我們透過感官去感受的時間，其中最知名且最值得注意的，是五個感官的感知都具有特殊性質，對部分品牌類型尤其重要。如果好好設計，即能傳遞迷人又難忘的體驗。

66

02

時間 ＋ 品牌

TIME ＋ BRANDS

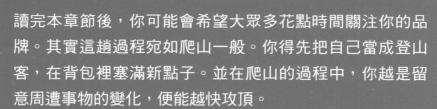

讀完本章節後，你可能會希望大眾多花點時間關注你的品
牌。其實這趟過程宛如爬山一般。你得先把自己當成登山
客，在背包裡塞滿新點子。並在爬山的過程中，你越是留
意周遭事物的變化，便能越快攻頂。

所以本章節會將重點轉移到時空內所進行的相互作用，你
也能藉此累積背包裡的新點子，瞭解到「時代」、「參與
度」、「體驗」和「設計得宜時刻」的重要性；至於時間，
則是幫助品牌在空間內移動的固定因子。

▶ 一切都只是「時間」問題
創造品牌價值的主要維度

我們都知道，品牌和大眾的互動是在**時空內**進行的，而且透過這些互動，不但能賦予品牌價值，還能瞭解「品牌策略」和「品牌化」的成效。在這之中，又以「時間維度」最為關鍵。在現實生活中，人們是在時間與空間內進行互動。但是在本章節裡，我們虛構了一個**以時間單獨運作的世界**，並以此作為基礎來探索品牌與時間的關係。具體來說，我們將探討「大眾」與「品牌互動」的三個重要時間維度：① 認識品牌的第一時刻；② 與品牌相處的大量時間；③ 時間速度。

阿爾伯特・愛因斯坦（Albert Einstein）透過「思維實驗」，寫出了知名公式「$E = mc^2$」來說明：在物質世界中「質量」與「能量」兩者彼此相關的典範轉移（paradigm-shifting），並將其作為「相對論」的基礎。

我們想要探討的內容也與這項理論類似，即**大眾使用某個品牌所累積的「大量體驗」，和該品牌「能量」之間的關係。**我們不僅會以單一個體的角度研究品牌能量，也會以這股能量在社群中，被視為神祕社會凝聚力的角度來探討。此外，那些經過長時間累積的大量體驗，得以行銷到各地的傳統品牌能量，以及現今網路和全球化世代裡才出現的品牌快速成長現象，也是我們將檢視的範疇。

你可以試著用不同類型的公式，來解釋某個品牌的先前體驗，以及它與品牌能量之間的關聯性。所以請多多發揮你的想像力吧，思考看看品牌是如何在時空內移動。現在就讓我們透過本書的文字和圖片，一起坐上時光機，開啟一段共同的旅程吧！

愛因斯坦是個品牌？

德國裔的愛因斯坦是物理界的神級人物，他在證明「時間」和「空間」是兩個相似概念時就過世了，讓科學界與文化圈遭受大大損失。雖然他為家人留了一百萬美元的遺產，但若拿之與傳承給後人們的品牌相比，那根本不足以掛齒，因為皇室至今每年仍會支付給小愛因斯坦一千兩百萬美元。所以就大多數人的標準來看，「愛因斯坦」的確是極具價值的「品牌」。愛因斯坦為「聰明」一詞立下了新標準，即使他那標新立異的個性讓人們視他為「瘋狂科學家」。事實上，他的絕對智慧也因而更加的凸顯。愛因斯坦是多數人會驕傲地介紹給下一代的品牌，希望下一代能視他為榜樣，學到一點他的創造力和批判性思考能力。

▶ 兩千八百萬個品牌時刻
讓「時間」變成「時刻」

時間可以很精準無誤，卻也能隨著感受而有所改變。舉例來說，我們現在都可以透過腕錶和原子鐘來精確測量時間；然而我們卻也能因為感受上的差異，而覺得當下的時間走得快或慢。如果你還不太明白這個道理，就拿聽 1 小時的物理課與花 1 小時跟好麻吉喝啤酒聊天相比。更甚者，你可以把逛巨石陣（Stonehenge）的 1 小時，拿來觀看有著 200 年歷史的時鐘運轉 1 小時來對比。

當時間變得難以忘懷時，它將變成一個時刻。而情感、社交和多種感官刺激的體驗，增加

時間維度模型

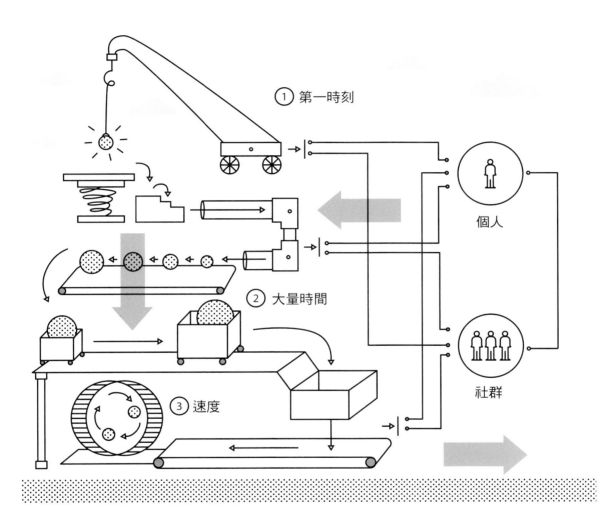

① 第一時刻

② 大量時間

③ 速度

個人

社群

了形成時刻的可能性。因此，首次體驗品牌的期間，就是一種關鍵時刻。當我們回想起那段時間時，是想起那個「時刻」，而非精確的「時間」，而且經過一段日子以後，許多累積的時刻，便演變成長期的記憶和習慣。好消息是：**時刻是可以設計的。**

在歷史記載裡，時間的測量都是透過月亮、日晷，以及一般人步行抵達地球上某處的距離來計算，當我們回顧了時間歷史後會發現，在中世紀時期，1 小時等於 40 個時刻（以日晷計算），換算成現代算法則是 90 秒。如此一來，我們也就能把品牌時刻視為以 90 秒來計算，加上人類平均壽命是 80 歲，相乘累計後，即可得到兩千八百萬這個數字。這也就是每個人一生中，能夠建立品牌時刻的時機。好，現在就讓我們對此詳加解釋吧！

❯ 傳統品牌：建立在「時間」之前
第一時刻

在人們對任何品牌產生的記憶裡，一定包括我們對它的**第一時刻**，雖然在此之前，品牌信號可能早已發送到我們身邊。但第一時刻代表著，我們第一次**注意**到它，並在意識中形成這個品牌的**記憶**。可能會有一大群人因喜歡某個品牌，而擁有著類似或相同的過去、甚至是互動；且這層互動裡的對象，還包括品牌本身。經年累月後，新世代的人們誕生了，他們各自也會產生屬於自己的第一時刻，有些會接受父母親介紹的品牌，延續家族對這個品牌的使用模式。但有些新世代只會對歷史悠久的品牌，抱持尊重和欣賞的態度。雖然經歷傳統品牌問世時的人們早已不在人世，但他們在世時仍擁有屬於自己的第一時刻，並把這個品牌的能量延續到了當今社會。

只要品牌能在市場上生存得夠久，代表它就有一定的品質保證，因為它同時也傳達了：「我們已經是老牌子了，應該值得你信賴。」多數人會將這個概念與我們文化規範裡的「不聽老人

言，吃虧在眼前」產生連結。畢竟，薑還是老的辣嘛。儘管在經歷 1960 年代的反文化運動[1]後，這套信仰系統已有部份遭受到瓦解，但是對那些教導自己孩子得敬老尊賢、聽信經驗的人而言，還是相當重要。

不過就某些產業來看，如果品牌過度強調自身的歷史悠久，反而會顯得「不夠酷炫」，這可能就是你從未見過 Facebook、Google 或微軟（Microsoft）這些品牌倚賴賣老的原因。儘管如此，具備了世襲的文化，也就代表了傳統品牌至今仍屹立不搖，且坐擁死忠顧客的支持，並為我們的文化提供彌足珍貴的意義。

凱歌（Veuve Clicquot）是個擁有 244 年歷史的香檳品牌，外包裝採用金黃色的設計，使香檳看起來極為性感迷人。這個古老品牌的香檳酒，皆產自法國香檳區（Champagne area of France），而且也只有這個地區生產出來的，才能稱之為香檳。回溯整個歷史，凱歌不但是第一個添加紅酒來製成粉紅香檳的品牌，更是首間由女性在 1805 年成立的香檳酒莊。該品牌的包裝說明了一個擁有 244 年歷史的老牌子不但值得信賴，在換上新包裝後，也能變得相當時尚奢華。

相對地，傑克‧丹尼爾（Jack Daniel）創立了一個 141 年歷史、以美國田納西玉米釀造的威士忌品牌。這個最古老的美國威士忌品牌，幾十年來不斷增進蒸餾與釀造技術，擄獲了大眾的芳心與信任。然而這個品牌對許多人來說具有多層面的意義。實際上，很多人也與這個品牌有著長遠的關係。如果你去田納西州林奇堡（Lynchburg, Tennessee）旅遊，雖然當地人會跟你詳細介紹傑克‧丹尼爾威士忌的歷史，但是在旅遊的當下，你其實很難體會到個中滋味（除非

---

* 本書當頁編號注記，均為編注。

1. 又稱反體制行為。此現象先發生在英國和美國，於 1960 年代初期至 1970 年代中期，在西方世界大規模傳播。支持此運動的年輕人，拒絕父輩文化標準。並在隨著運動的發展，許多新型態的文化形式、次文化陸續誕生，波希米亞主義、嬉皮等另類文化及生活方式也應運而生。

思 | 維 | 實 | 驗

如何讓品牌更加人性化？

你離開那個地方）。如果你夠幸運，有機會買到約六點五平方公分的土地，還能成為田納西鄉紳協會（Tennessee Squire Association）的會員。這是新創品牌做不到的。

品牌跟人類一樣，越有內涵的人越有趣；越有歷史的品牌也就越別具意義。想想看，和一位普通青少年聊天，以及和一名歷經二戰的老兵或終身教授聊天，哪一個的對話內容會比較有意義？只要你認真去瞭解丹尼爾先生和凱歌女士這兩位有趣的品牌創辦人，絕對會為你的生活增添不少樂趣。

當然，這些品牌建立時，我們大家都還沒出生呢！這些品牌的能量都是靠眾人不斷分享故事，才得以代代相傳下去。對於這類的品牌來說，品牌故事也都會被神化，並且可能在之後的好長一段時間裡，深深刻畫在我們的集體記憶中。尤其是當這些品牌持續推陳出新時，更是如此。

乘著光束飛馳
大量時間

根據研究結果顯示，「時間」和「空間」基本上只是同個系統的不同表達形式；當聚集足夠的物質質量，便會形成黑洞，並讓時間趨向停滯狀態。倘若直接把愛因斯坦的發現與品牌做出連結，會讓物理學變得更為可信；那我們也會確實知道：品牌質量與能量之間有所關聯。

一項單車的思維實驗，改變了整個物理學。1895 年，這年愛因斯坦才 16 歲，當時的他想知道：「如果他能騎著單車在光束一同前進，那會產生什麼結果？」這個問題佔據了他所有思緒，並讓他在 1905 年發表了改變人類世界的三篇論文，造就了核電廠、半導體和全球定位系統（GPS）的相繼誕生。

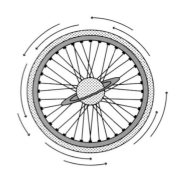

透過傳統品牌，我們可以觀察到品牌和質量的關係。經我們的檢視後發現，暢銷的加工食品全是經營數十年之久的品牌，包括亨氏番茄醬（Heinz Ketchup）、莫頓鹽（Morton Salt）和卡夫乳酪通心粉（Kraft Macaroni & Cheese）。這些品牌在各大超市裡都看得到，也因為它們歷久不衰，才得以留存於我們的集體記憶裡。儘管防禦品牌（Flanker brand），如安妮乳酪通心粉（Annie's Macaroni & Cheese）、鑽石猶太鹽（Diamond Crystal Salt）和漢斯番茄醬（Hunt's Ketchup）等正侵蝕整個市場，但在加工食品業裡，「大者恆大」的現象仍清晰可見。

在此同時，由於網路讓品牌能夠像光束一樣前進，所以各個品牌與整體產業也進入了「大洗牌」的階段；現今大型行銷集團（電線塑料製品集團〔WPP〕、埃培智集團〔Interpublic〕、宏盟集團〔Omnicom〕和陽獅集團〔Publics〕）有百分之三十九的總收益是來自數位服務。以往由廣告主導的這場遊戲，現今像是亞馬遜、Slack、Airbnb、Etsy 和其他矽谷愛用網站，紛紛大口吞噬這一個個已建立的完整產業市場。這些網路起家的品牌，正利用網路的速度迅速累積品牌質量。

儘管如此，現實生活中的生產和分配系統，都是花了數十年的時間才建立好的；想要取代這些系統，光靠速度絕對是不夠的；同樣地，傳統品牌建立好的數兆個記憶，也不是單靠速度便能取代的。即便我們都很確定就功能性來看，質量與速度的關係密不可分，可是目前傳統品牌所面臨的風險也更甚以往，特別是與快速成立的品牌

相比，傳統品牌就顯得相當脆弱，畢竟這些大牌子無法迅速重新設計或定義自己。因此，**質量是把雙面刃，驕兵必敗**。

比起大眾媒體印象，在當前這波新品牌潮流中，品牌的**參與度**反而逐漸受到人們的重視，而且品牌管理者也越來越常以**時間**作為衡量基準，取代舊有的印象、接收和頻率等測量指標；此外，比起花大量時間在品牌上，創造出能夠激發情感、並刺激全面感官的時刻也變得較為重要。透過將大量時間投注品牌上，我們可以大致看出品牌的參與度，但進一步瞭解後便會發現，這一切都是從設計參與時刻開始。

▶ 此時非彼時

重大時刻

在大眾與某個品牌互動的時間裡，或許還包括了這個品牌**在歷史上**的幾個重大時刻，雖然這些重大時刻不同本書所指，但還是對品牌的發展史，以及我們（身為人）與品牌之間的關係，都顯得相當重要。這些「時刻」可能包括品牌成立、註銷、更新、改革，或為了迎合新市場而重新定位等的日期。柯達（Kodak），這個曾獨霸底片市場的底片和相機品牌，就是個實例。

柯達成立於 1888 年，其創辦人喬治‧伊士曼（George Eastman）比當時的人們都來得更有遠見；這個品牌在 1976 年來到了顛峰期，它在美國底片和相機市場裡分別占有百分之九十以及百分之八十的市佔率。另外，在 1975 年柯達公司的大事紀是：這年研發了首台數位相機，但公司內部為避免打擊當時的底片市場而擱置這項計畫。到了 1984 年，柯達讓出了奧林匹克賽事（Olympics）的贊助權，讓富士（Fuji）進入美國市場。直到 2013 年，柯達以五億美元賣出部分專利權，才從破產困境中東山再起，迎接光明燦爛（數位化程度更高）的未來。

尤其是人們置身其中時，很難看出這幾年發生的事；但這些日子正是品牌做出戲劇性轉變時，聚焦決定和特定時刻的轉捩點。這種情況就跟證券市場也有的單日戲劇性起伏動一樣，這些就是品牌發展史上的「特殊日」。如果你還記得品牌能量是存放在大眾的集體記憶之中，那你便可明白，柯達其實遭受到重大衝擊，且公司的新擁有者也必須選擇不同方向的發展路線。如今柯達早已失去市場地位，不過只要做些創新來改變，柯達仍然可以重返數位印刷、影像和好萊塢的膠卷底片市場。畢竟人生如同一場戲，可以一直演下去。

▶ 光速宣傳

廣告狂人 2.0

現今的大眾媒體與大眾廣告已逐漸式微，許多這類型的傳統媒體，可能會在未來某天迅速凋零，因為千禧年後出生的人們，基本上都不太理會大眾媒體了，加上全球人口下降也是個不爭的事實。這世代最熱門的媒體來源包括：Vice、BuzzFeed、Medium、Digg、Reddit 和 Youtube 等平台。這些平台是否會在市場上佔據主導地位根本不是重點，真正的重點是，網路正逐漸推翻傳統大型媒體的既有模型。

就以漢堡王（Burger King）推出的「小雞侍者」（Subservient Chicken）為例。如果你不知道這是什麼，讓我們來告訴你！小雞侍者這個虛構人物，是之前 Crispin Porter + Bogusky 廣告公司（CP+B）的共同傑作，用來宣傳「以你的方式享用『雞』」的概念，得到成效是網友與這隻雞玩上好幾個小時。在這個活動網站中，你會看見小雞侍者穿著破舊的公雞裝，站在有張沙發的房間裡。只要你在螢幕前輸入指令，他就會馬上執行，除非你的指令太過於接近限制級，讓他只能回以一個猥褻表情，不然幾乎所有你想得到的指令，他都能夠達成。

這個行銷手法成功地使大批民眾花費數小時玩那隻傻瓜雞，這就是漢堡王所設計的時刻，它不但娛樂了一般民眾，還能為這位由漢堡王所有

來自希臘的神祇—雅各階梯的實例

請想像以下情境：有位同事坐在他的辦公座置吃優格，但是妳卻不認得他手上拿著的優格品牌；兩天後，又有名女性友人給了妳一杯希臘式優格嚐嚐。然後一星期過去了，在妳逛量販店時看到了那款希臘式優格，於是妳買了幾杯給剛從學校回家的女兒。某天，妳的女兒在當地的咖啡館遇見妳和妳的友人們，她便在妳的朋友們面前滿懷心喜地說：「謝謝妳買牧羊人（Chobani）希臘式優格給我吃，那是我的最愛耶！最愛妳了！」這時候媽媽（妳）就像女神一樣，享受著受人崇拜的快感。

沒錯，「優格」確實給人健康的印象，而且也是真的有益身體健康。不過在現今的市場上，又推出了另一個來自國外的全新優格品牌——Greek Gods 希臘式優格。這個品牌的優格不但富含兩倍的蛋白質，糖分還只有一般品牌的一半。於是這個新品牌便開始在妳大腦中的長期記憶區佔有一席之地，而且對該品牌的股東來說，因為品牌開始具有價值，所以他們也就願意帶著風險相信這名從土耳其來的品牌創辦人漢迪・烏魯卡亞（Hamdi Ulukaya）。此外，我們也謝謝烏魯卡亞提供了具有啟發性的例子，讓我們得以簡單闡述雅各階梯模型。

的「詭異角色」，創立了網路品牌。以大量時間的角度來思考，這項行銷活動的確為漢堡王帶來不少收穫，並成功讓相關文化紅了 3 年左右。好景不常，在無法持續吸引新顧客的情況下，這也只是漢堡王曇花一現的表現而已。隨著這股熱潮逐漸消散，該品牌還是得面臨龐大的市場阻礙；回到高度競爭的市場上，努力與他牌搏鬥。想要持續累積質量，就得透過提供**優質體驗**來增加產品使用率，至於搞搞噱頭、耍耍花招，固然能夠引來大眾的關注，但卻很難維持。現在，就讓我們來看看 Chipotle 墨西哥速食連鎖餐廳的經驗吧！

由 Chipotle 墨西哥速食連鎖餐廳所設立的 Chipotle 培育節，每年會選在不同城市舉辦嘉年華會。在這場盛會中，參與活動的民眾不僅能看到當地人氣演員和大廚，還可享受當地菜餚和文化。被 Chipotle 選中舉辦這場盛宴的城市或地區，都是生氣盎然並充滿文化氣息。因此只要在這些地區舉辦活動，便能透過社交媒體、將此盛事的熱潮傳送到全世界，而且 Chipotle 也會邀請具有影響力的文創者共襄盛舉。在這熱鬧滾滾且長達一整天的活動中，Chipotle 會精心地將自家的食物，與飽受批評的大型速食品牌結合，不單讓嘉年華成了公共性且具多種感官刺激的盛會，同時還能享用滿滿的**墨西哥捲餅時刻**。

我們看到了像 Chipotle 這樣的品牌案例，他們設計出可**持續發展**出品牌參與度的模式，並在

長時間下，累積感官上的互動質量，進而創造出更多難忘時刻。也可以說，Chipotle 培育節是這家墨西哥速食連鎖餐廳，以現代且優雅形式來打品牌廣告。Chipotle 的體驗設計能讓人們形成深刻記憶，因為這項設計將時間、多種感官、社群（社交）和情感一併納入了考量範圍，這部分在之後我們講述雅各階梯時，你就會明白了。將這長達一天的活動體驗所形成的能量，與三個透過 10 秒鐘的電視廣告所產生的印象相比，根本就是在拿「什麼（消音）」比雞腿，完全沒得比啊。

❯ 你能感覺到「移動」嗎？

互動速度

移動快速的事物因為能穿越時間，並在沿途散播新知與習慣，因此總能贏得我們的關注；移動快速的品牌，同樣也更能迅速吸引注意力，讓大眾產生興趣、欲望，進而試用以及討論，並透過文字和行為來感染其他民眾，這是再好的電視廣告也難以達到的效果：**源自於使用者的體驗。**有鑑於推出新產品的失敗率實在太高，識時務的產品研發者反而會以現有產品作為基礎再從中改良，使新產品擁有比上一代好上十倍的優異表現（如：Spotify、優步、好市多、雲杉點主題樂園〔Cedar Point Amusement Park〕）。而最優秀的新產品設計，則是要讓大眾打從產品推出的第一天，就覺得它十分富有魅力、教育意涵和價值，讓大眾產生「這項產品有這麼多創新的功能，傻子才不用呢」的想法。此外，新產品還要能讓他們可以二次轉手。在這種情況下，就得增加使用品牌化和行銷傳播系統，以更快達到盈利規模。

只要能夠維持這股動力，新品牌產品即可在建立好的既定市場上，擊退那些舊有品牌。身處於社交網路時代，更是如此。對防禦品牌來說，進入市場的典型手法，就是先以低階市場為主，爾後再快速向上攀升。不過 Apple 公司是個特例，他們先進入高端市場，再稍稍往下走進低階，因此成功打造了旗下電子產品皆富有奢華的形象。

這是個十分看重大數據的領域，而我們也開始意識到去瞭解品牌世界中的分形、模仿和擴散效應的重要性。若你的品牌還很小，且也知道如何開啟運作模式，那麼對於品牌速度，你應該會很有感覺。關於「速度」，它可以被形容成暴風雨前的寧靜，或是在面對比你還高出兩倍的巨浪時，那些從你的腳踝邊匆匆流過的海水。畢竟在時間的推進下，現今的創新品牌都是以獨特方式進入市場。

一旦品牌達到規模，互動時間的速度就會變得難以測量，唯有複雜精細的大數據，才能回答品牌擁有者與合作夥伴所提出的重要問題。有一種品牌（例如 Google）會善用這種隨著時間互動的數據，該品牌的建立是以設計、數據、電腦和演算法作為基礎，若能從中一窺究竟，絕對樂趣無窮。

像是塔吉特百貨這類型的大型零售商，也早已開始使用大數據，來更完整地理解買家行為，並預測賣場要為家庭主婦提供哪些產品。所以當你在買日常用品時，他們能根據之前其他買家的購買紀錄，提供一些你可能會需要的產品選項。《紐約時報》（New York Times）也曾借用一個驚人案例來解釋這種情況：有戶人家有位正值青春期少女，她在父親不知情的狀況下，收到懷孕期所需的維他命。身為顧客，這個情況可能會使你氣憤難平。但如果你從數據的角度來看，若你能在明白自己需要某樣產品前，就以優惠價格取得這項產品，且事實也證明了你確實是需要它的，那這就會是個令人愉快的驚喜。然而，對於品牌擁有者來說，這也可能讓你的品牌獲得四倍能量。

❯ 品牌能量乘以四

能量與速度

首本講述創新傳播方法的著作，就是埃弗裏特・羅傑斯（Everett Roger）於 1962 年首次出版

的《創新的擴散》（*The Diffusion of Innovations*）。羅傑斯在書中提到了五個快速接納新產品的元素：（1）創新；（2）接納者；（3）擴散；（4）時間；（5）社會系統。「創新」是指那些全新、尋求社會接納的產品、服務、模仿事物或品牌；「接納者」則代表居住在廣大社群內的群眾及組織；「擴散」是接納者轉移資訊、行為和能量的過程；而「時間」是進行擴散時所經過的精確或感受時間；至於最後的「社會系統」則與傳播的外部影響力和社群及意見領袖的內部影響力有關。要成功打造品牌，基本上脫離不了創新這個概念，所以此傳播理論扮演著舉足輕重的角色。

隨著時間推進，產品必須有所創新，這件事矽谷也是略知一二，而且它們也證明了，大家對砸大錢購買移動快速的品牌是很感興趣的，WhatsApp 以兩百二十億美元的高價被收購便是一例。從舊金山（San Francisco）來的傑弗瑞・墨爾（Geoffrey Moore）建立了一個理論模型，把科技接納者分成「創新者」、「早期接納者」、「早期多數接納者」、「後期多數接納者」和「落伍者」；而來自美國東岸（East Coast）的天才雷・庫茲威爾（Ray Kurzweil），是 Google 旗下的未來學家，他加強了科技預測領域中藝術與科學的部分，先利用繪製多重技術曲線，再去想像未來曲線上的轉折點會呈現的模樣。庫茲威爾過去曾預測，區域網路會竄起，之後是網際網路；而現在他也認為，人人都負擔得起且跟人類一樣聰明的電腦即將誕生。

我們的同事傑夫里・布朗（Jeffry Brown），在 1980 年代曾為史蒂夫・賈伯斯（Steve Jobs）效力，並負責規劃未來商機。當時他們採用的，就是羅傑斯的理論和其他擴散模型，並於 1990 年末後期規劃且推出 Apple 智慧型手機和平板電腦，但當時的董事會認為，賈伯斯、布朗及整個團隊的想法過於夢幻、不切實際，這項計畫還可能因此被擱置了好幾年。但其實，賈伯斯和 Apple 公司雙方都有其道理，只是正如聰明人所言：「預測是件苦差事，尤其是要預測未來。」

對新品牌而言，讓創新技術快速被大眾接納相當重要；對既有品牌來說，更是如此，畢竟創新與改良總會帶來好處。現在先讓我們快速複習一下我們在第一章所提及的模型，回想品牌如何在時空內移動，這樣才能更好理解品牌的擴散效應。透過我們的「時間維度模型」，就可以知道品牌如何在時間推移下進行移動：**第一時刻→大量時間→時間速度**；而我們的「空間維度模型」則是在解釋，品牌擁有者和管理者如何聯手影響大眾和社群；至於「雅各階梯模型」則說明了，時間與空間維度內的信號之移動方向，也就是信**號→感官→時刻→記憶→能量→銷售→利潤→價值**。透過我們的模型，不但能建立一個全新的品牌擴散系統理論，還可以藉此提出問題和新觀念，改善品牌化及預估品牌價值的過程。

現在不只是在數位世界裡看到快速崩盤現象，就連在其他地方也是隨處可見。如果你以為這是在誇大其辭，那就想想美國誠實公司吧，才成立短短 4 年就能與 1836 年成立的行銷機器美國寶僑公司（Procter & Gamble）相互競爭。寶僑公司旗下還有許多品牌，包括幫寶適（Pampers），且目標族群都是媽媽及她們的家庭。而這陣子有哪個品牌在與寶僑同樣主打生活必需品的市場上，擁有 1 億美元的市值，並持續成長當中？答案就是「誠實公司」。如果你還不認識這個品牌，去瀏覽一下這家公司的官網吧（*www.honest.com*）！誠實公司的創辦人潔西卡・艾芭（Jessica Alba）、布萊恩・李（Brian Lee）、克里斯多夫・葛文根和西恩・凱恩（Sean Kane），他們不但懂得加快品牌成長速度，還知道如何將其轉換成品牌能量，是值得眾人學習的榜樣。

要點出移動快速的品牌很簡單，甚至還會覺得做起來相當容易，但目前我們真正明白的卻只有：參與時間大致可代換成品牌能量；而花在品牌上的時間增加，表示好事正在發生。畢竟時間比金錢還要寶貴，錢可以再賺，時間卻不行。因此，我們接著要透過案例分析，來檢視大眾是如何透過大腦和內心決定花費在品牌上的時間。

思 | 維 | 實 | 驗

若能依照每年計畫、確實衡量品牌價值，
那你會祭出多少獎金來鼓勵行銷團隊？

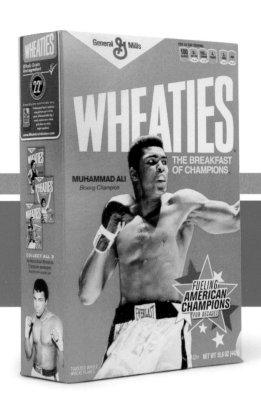

⊙ 為何 Wheaties 是金牌產品？

通用磨坊公司（General Mills）案例分析

學術界總為理論而著迷，但現實世界才是真正學習的地方，所以檢視完美理論的最好方式，就是把它赤裸裸地放在現實生活中觀察。現在，就讓我們來探討 Wheaties 麥片品牌的案例。Wheaties 曾以強勢之姿，進軍當時已一度完整建立秩序的早餐麥片市場；甚至 Wheaties 在最適當時機下，成為第一個在廣播和電視上打廣告的麥片品牌。

Wheaties 創立於 1923 年，當時的品牌名稱是「沃西本恩金牌全麥麥片」（Washburn's Gold Medal Whole Wheat Flakes），幸好後來通用磨坊公司將之縮短為 Wheaties。該品牌在 1926 年發表了首支廣播廣告歌曲，旋律單純、歌詞簡短——"Have you tried Wheaties"（吃過 Wheaties 嗎？）。此外，Wheaties 又於隔年開始贊助棒球隊，並推出廣告標語「冠軍的早餐」（Breakfast of Champions）。

在經濟大衰退期間，經過棒球員盧·賈里格（Lou Gehrig）和其他運動明星的推薦，Wheaties 成了家喻戶曉的麥片品牌，而美國總統羅納德·雷根（Ronald Reagan）也在 Wheaties 的幫助下，於 1933 年成功進軍好萊塢。到了 1939 年，美國聯邦通信委員會（Federal Communications Commission）在一次棒球廣播期間，嘗試發表首支電視廣告來宣傳四大推薦品牌時，Wheaties 就是其中之一，這樣的時間點就是所謂的好時機。當時 Wheaties 與大眾的互動時間速度相當快速，並迅速達到擴散效果，直到現在，Wheaties 在早餐麥片市場上還是佔有主導地位。因此，就表面來看，Wheaties 的發展與大眾媒體的成長緊緊相連。

到了 1941 年，喜瑞爾（Cheerios）和其他穀物麥片品牌開始加入這場戰局。喜瑞爾也在後來，以分支品牌 Big G 麥片（Big G Cereals）聞名。剛開始時，喜瑞爾不斷推出新口味，好像永

> 穆罕默德・阿里（Muhammad Ali）這個品牌所具備的價值，散播自身能量給了 Wheaties 麥片品牌，這就像拳王阿里所給予的口頭肯定一般。因此只要拳王還有品牌能量，肯定就能傳遞一些給 Wheaties，且一路上都是免費受益。

無止盡般，在這當中就包含了當今早餐麥片市場上、銷量第一的蜂蜜堅果麥片（Honey Nut Cheerios）。根據資訊研究機構（IRI）調查顯示，截至 2014 年 8 月喜瑞爾的蜂蜜堅果麥片和原味麥片，都仍各別攻佔美國十大暢銷麥片品牌排行榜第一與第四名的位置。

喜瑞爾長久以來深受孩童們的喜愛，對那些繁忙中還得帶剛學走路的孩子的媽媽來說，喜瑞爾更是能夠隨身攜帶的小點心。喜瑞爾曾推出自家品牌專用碗和包裝，藉此刺激大眾對品牌產生第一時刻。同樣地，因為喜瑞爾的麥片不只是小孩可以吃，很多成人早就養成了吃喜瑞爾麥片的習慣，也因此累積了大量與此品牌相處的時間。

儘管 Wheaties 這個品牌力依然強勁，但因其分支品牌表現不佳，還得花大錢購買運動明星的照片，印製在橘色外包裝作為產品封面，導致該品牌在過去 10 年裡仍遭遇困境。通用磨坊為了要改變經營方向，便對顧客進行調查，在撤除各大主要運動聯盟中的運動明星後，讓顧客們再從中選出最喜愛的運動明星，如此一來，不但能滿足出生於千禧年的顧客，也可在簽下終極格鬥冠軍賽（UFC）輕量級冠軍安東尼・佩提斯（Anthony Pettis）作為 Wheaties 最新一期代言人時，省下些成本。

還記得你的第一時刻嗎？當然！
結論

時光飛逝，能被留下的，也就只有些許的體驗和記憶了。因此，若你第一個想到的是：「如何讓大眾花多一點時間『接觸』我們的品牌？」恭喜你，走對方向了！只要讓大眾擁有愉快的體驗時間，問題自然會迎刃而解。現在讓我們在進入下個章節之前，好好複習一下本章節的重點吧！

1 只要設計出能刺激多種感官，並激發情感的體驗，首次接觸品牌的那段時間，就能轉變成「難忘時刻」。當時間一長，難忘時刻累積得越多，便越能加深品牌記憶。

2 多數品牌都能因在市場上生存得長久而受益，但僅部分品牌才需強調「創立時間」。其他品牌則該著重在「創新」上，並想辦法與當今社會連結，無須強調品牌成立日期。

3 群眾一旦養成使用某個品牌的習慣，就會花越來越多時間在這個品牌上，並延伸出消費習慣。對挑戰者品牌而言，要打破這些習慣並非易事。不過這些大量時間的累積，也應當建立在群眾自願接觸該品牌上，並可藉此判別品牌是否健康。

4 只要能透過產品所提供卓越創新的事物，並以引人注目的方式進入市場，移動快速的品牌就能擊退那些傳統老牌，而且在網路和其他技術的幫助下，移動快速的挑戰者品牌，更能簡單地擊垮那些擁有大量時間優勢的傳統老牌。

5 雖然移動快速的品牌要成功必須仰賴「運氣」和「時機」，但還是可以遵循擴散預測路徑前進。

空間 ＋ 品牌
SPACE + BRANDS

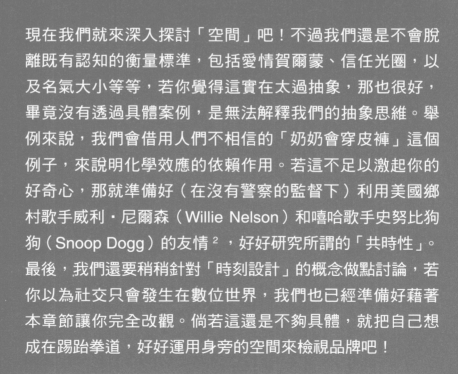

現在我們就來深入探討「空間」吧！不過我們還是不會脫離既有認知的衡量標準，包括愛情賀爾蒙、信任光圈，以及名氣大小等等，若你覺得這實在太過抽象，那也很好，畢竟沒有透過具體案例，是無法解釋我們的抽象思維。舉例來說，我們會借用人們不相信的「奶奶會穿皮褲」這個例子，來說明化學效應的依賴作用。若這不足以激起你的好奇心，那就準備好（在沒有警察的監督下）利用美國鄉村歌手威利・尼爾森（Willie Nelson）和嘻哈歌手史努比狗狗（Snoop Dogg）的友情[2]，好好研究所謂的「共時性」。最後，我們還要稍稍針對「時刻設計」的概念做點討論，若你以為社交只會發生在數位世界，我們也已經準備好藉著本章節讓你完全改觀。倘若這還是不夠具體，就把自己想成在踢跆拳道，好好運用身旁的空間來檢視品牌吧！

---

2. 二位歌手皆為大麻愛好者。美國加州於 2016 年 11 月 8 日通過大麻合法化後，史努比狗狗贈送一件毛衣作為聖誕節禮物贈送給威利尼爾森。這件大紅色毛衣印上了 "Smoke Weed Everyday" 字樣，以及一顆偽裝成聖誕樹的大麻草。

▶ 讓我們進入物理世界吧！

用「空間」看品牌

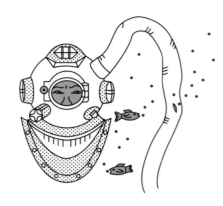

　　現在讓我們仔細看看，當「身體」與「品牌」在空間內相遇時會激出什麼火花。當我們回想昨天的事情，或試圖想像明日的自己會完成哪些事時，常常會忘記將**身體狀態**一併納入考量。不過只要你深吸幾口氣就會發現，這副具有各種意識的身子一直在操控著你。品牌管理者可透過多種管道，讓品牌與你的身體產生**接觸**，如網路、大眾媒體、零售商店，或是任何你所到之處，而且總得藉由你的身體才可**感知**到品牌的存在。

　　你也會注意到其他圍繞在你身邊的人，像是親朋好友及同事等，他們看重品牌的程度可是會超乎你的想像。屬於同樣社群的人會使用彼此認識的牌子。有時也會互相談論品牌，或直接碰到品牌相關人士，如餐廳服務生和零售商，所以自我認同是建立在與他人的關係上。

　　你對品牌的感知不僅會直接以個人感官進行篩選，也會間接受到他人意見影響。之後你將會發現，當品牌與大眾在空間內相遇時，會形成**感官**和**社交**息息相關的體驗。

▶ 「社交」是種化學效應

生活與社交密不可分

　　在時間推移下，人們都會有些體驗，若這些體驗僅存在於空間內，而缺乏身體去感受它，那便無法形成「經驗」。人類之所以不同於動物，

是因為我們具備了三項東西：**大拇指、腦容量**和**社交能力**。雖然這麼說有點簡化了人與動物之間的區別，但我們要強調的是，早在 Facebook、推特和其他社交媒體出現以前，人類的定義就與社交關係密不可分。

　　社交是種反射行為，我們不可能將「社交思維」（social thoughts）從腦中移除，而且它就像肌肉一般，整天都在放鬆和緊繃中不斷循環，不管有無意識皆是如此。

　　打從嬰兒出生後，第一次注視母親雙眼的那刻起，社會裡所固著的現象就此產生，因為他知道自己必須依賴父母維生（所以嬰兒才會擁有大眼睛、可愛且惹人憐愛的臉龐）。藥物其實也是如此，尤其是「催產素」（Oxytocin）。這種激素就像是為了連結伴侶、母子和朋友而生成的賀爾蒙。而且也已經有研究指出，催產素越高，彼此的信任程度便會增加。釋放催產素的方式有很多種，但最常見的還是透過人與人之間的觸碰，而一段有品質的對話也有助於釋放這項激素。

　　根據研究顯示，有了催產素後，大眾對品牌的態度會更加開放，且各品牌顯然也都在追求這種化學連結，看看電視廣告中充斥著擁有大眼睛的小狗、小貓和小寶寶的現象，再想想米老鼠（Mickey Mouse）、湯瑪士小火車（Thomas the Tank Engine）和彩虹小馬（My Little Pony）這些卡通人物至今風靡依舊的情況。由此可見，品牌和大眾之間的化學連結，絕對是個有趣的議題，可列入你下個創意設計的考量因素。

　　綜觀所有孩子們喜愛的卡通，每個角色都有著大眼睛，這絕對是有原因的。所以當你聽到「眼睛是靈魂之窗」這句話時，它可不單單只是句俗語而已。透過我們的瞳孔，可以得知我們對人、產品、地方或事物的接受度，而我們也傾向於跟周遭的人一樣，只要能讓你的眼睛為之一亮的，其他人很快就會跟上腳步。

▶ 馬克・祖克伯和肯德基炸雞桶
我們都是社交動物

Facebook 的創辦人馬克・祖克伯（Mark Zuckerberg）擅長運用社交力量，使得他成為眾人學習的榜樣；近年來，Facebook 全球用戶已超過十五億人，大家都在利用這個平台分享家庭照片、按讚和表達心情，或發表最新的政治新聞。每個人都為了 Facebook 上的讚數而活，畢竟大家都希望受人喜愛。令人驚訝的是，從來沒有人在 Facebook 上「面對面」交流，但我們卻能產生「他人就在我們面前」一般的情緒反應，而且這樣的社交網路革命，是在這短短 7 年內發生的事情。

現在把祖克伯拿來與哈蘭德・桑德斯上校（Colonel Sanders）對比一下。桑德斯上校是肯德基速食連鎖餐廳（Kentucky Fried Chicken）的創辦人，他在 1957 年推出炸雞桶時，帶動了一波社群創新（social innovation）熱潮。當時家家戶戶都會買一桶「吮指回味樂無窮」炸雞與家人分享，大家會熱情地聚在一起吃炸雞，早些年可能還會一邊看著有線電視，但現在的年輕人應該會伸出油膩膩的手指滑手機，避免父母親來打探隱私。由肯德基炸雞桶所帶動的面對面社群創新（face-to-face social innovation），至今仍相當流行。到現在都已經過了 55 年，肯德基在全球各地依舊有著超過一點八萬家分店；然而，新冒出頭的 Facebook，其市值更是多了肯德雞二十倍以上。看吧，這就是社交在虛擬世界及現實生活中所展現的力量。

再舉個社交思維的案例。嘻哈歌手史努比狗狗在接受某次採訪時，提到自身異於常人的吸食大麻能力。當他在被問到是否有其他人的吸食量跟他不相上下，他說是有那麼一個人——威利・尼爾森。威利和史努比顯然是好兄弟啊，根據史努比的說法，他們曾一起去阿姆斯特丹（Amsterdam）吸大麻，當時他們就待在某間肯德基後的停車場聊天，一邊吃炸雞，一邊聊他們

吸食大麻的技巧。這種場景誰不想撞見，然後把它拍下來上傳到 Facebook 上？

▶ 與強納森・艾夫組成三人搭檔
個人功利 vs. 社會效用

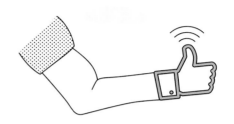

當你購買手錶時，心中所預期的效用價值，是手錶所帶來的報時或日期辨識功能；（錶盤上）附帶的品牌名，則能讓你會得到具有社會效用（social utility）價值的象徵地位，足以用來吸引另一半或商業夥伴。在 Apple 首次推出 iPhone 後，很多人會在開會或用餐時，把 iPhone 擺在桌上的水杯旁邊，一不小心一支市價八百美元的 iPhone 可能就毀了。蘋果首席設計師強納森・艾夫（Jonathan Ive）當時在設計 iPhone 時，是以兩種社會效用作為基礎：隨時隨地都能透過數位與他人連結、顯示真實生活中的社會地位。然而再看看現在有多少萬支 iPhone 在發出推文後就掉進馬桶壽終正寢，由此可見，社交力量真是無遠弗屆啊。

社會與個人經常處於**衝突狀態**，我們需要藉由他人來滿足自身需求，但我們的本質上又相當自我。社會加諸許多壓力在我們身上，要我們好好扮演自身角色；然而，能讓我們感到最自在的時候，卻是與不在乎我們社會地位的人（好吧！他們還是在乎，只是沒社會大眾那麼誇張）一起待在家裡的時候。

這種現象透過語言就可觀察到。想想看本書其中一位作者跟朋友之間的閒聊：「我們最後還

思｜維｜實｜驗

SnapChat APP[3] 帶動的反革命和假隱私風潮，是否就是下一代的文化轉變？
下個世代真的會覺得離品牌越遠越好嗎？

---

3. 由史丹佛大學學生所開發的圖片分享軟體。使用者可以為每則發佈的照片、影片及訊息設定一段觀看時間。當時間
   一到，這些訊息會從社群平台及 SnapChat 伺服器上刪除。美國聯邦貿易委員會（US Federal Trade Commission，
   簡稱 FTC）曾指控 SnapChat 於隱私權規章有誤導使用者之疑慮，因觀看者仍可透過螢幕快照、第三方應用程式等
   保存。

是失去理智，敗了一台特斯拉（Tesla）汽車。」這位作者是否為了打入社交圈，才被施壓購買了一輛價值八萬美元的交通工具？而高中生之所以翻牆出校門抽菸，是否也是因為同儕壓力？

在我們面對壓力時，可能會做出不太符合自身價值觀的事，卻也同時覺得自己與社交圈的關係變得更加緊密；諸如此類的衝突不斷上演，有時還叫人疲憊不堪。儘管我們都知道，要打入一個團體必須付出代價，不是犧牲自我價值觀，就是要多付點錢購買我們過去可能不太需要的東西。儘管人類打從在洞壁上刻字開始，便不斷受到自身社交圈的影響，但現今社交媒體為我們帶來的壓力確實變得更大了。

我們現今所使用的社交媒體，使人們的社交焦慮症（social anxiety）更加劇惡化，並早已體現於我們的文化上。在你的朋友為了慈善活動，把一桶冰水往自己頭上倒，甚至將照片分享到 Facebook 上，使你產生效仿的欲望；這種現象就像灌得太滿的瓦斯罐，（這些訊息）在透過社交媒體傳送出去，讓所有手中握有電腦或智慧型手機的人們都接收到。然而，當我們要在數位世界和現實生活中取得平衡時，那些曾一起用餐或喝過咖啡的人，還是比較可能會是我們選擇相信的對象，這也是接下來我們要回到**信任面**來探討的原因。

❯ 奶奶陪妳去買皮褲！

信任光圈

你的室友是位熱愛搖滾、剛從大學畢業的年輕人，她在冰箱門上留張字條告訴你，她跟她的奶奶去買皮褲了。這時候你是否會懷疑，她是因為被綁架才留下這張字條來「明示」你？多數人不會對她跟奶奶出去感到懷疑，但跟奶奶去買皮褲？這就有點怪了。我們可能都會比較相信那些與自身在身形、年齡、居住地、外貌和社會地位上較為接近的人；此外，正如從眼睛便可看出我們對說話對象的感覺一樣──瞳孔會根據信任程度而放大或縮小；而我們是否敢開心胸接納意見，也是要根據我們對**資訊來源**及該情況的信任程度而定。

講到時尚風格，一般都會聯想到名人，所以這位有抱負的搖滾客室友應該比較可能在《搖滾革命》（*Rock Revolt Magazine*）這類的雜誌官網上搜尋資訊，而不是和她的奶奶去百貨商場逛街，甚至她所信任的雜誌文章中提到的皮褲，絕對會比搖滾歌手廣告代言的皮褲更具吸引力。同樣地，她也比較可能會在網路上搜尋評價和比價，或許她最後會選購一件只要七點八八美元的性感高腰緊身皮褲，而不是花兩百美元買件美國西部牛仔所穿的皮褲，最重要的是，那件緊身皮褲在亞馬遜網站上有五百八十八則評論，平均四顆星還免運費。

在看完前面段落後，還是很難想像我們從接收信號到做出判斷的過程中，其速度究竟有多快。其實信任就跟相機鏡頭的光圈一樣：在現實世界裡，光圈大小對快門速度所造成的改變是難以測量，甚至連觀察都十分困難。儘管如此，我們還是大概將信任區分出了四個空間維度，從「品牌擁有者」開始到「品牌管理者」，再到你的「社群」，最終抵達「自身」，且每個維度都有不同量級的信任程度。此外，我們整天也都會在潛意識下進行小小判斷，決定是否要相信這些信號來源。

雖然我們的室友不會對她的奶奶持有懷疑態度，但後面提到的皮革緊身褲，就揭露了這個完美的謊言。身為人類都相信**信任**這兒非黑即白，就像在礦區開關燈一樣清楚明瞭：對於人或品牌，我們不是相信，就是不信；但信任其實較取決於前後因素，且其含有的灰色地帶多到連彩通公司[4]都難以想像。這觀點也讓我們對品牌擁有者產生敬佩之情，因為他們面臨十分複雜的挑戰，是得在時空內精心設計訊息、傳遞訊息之人和傳播媒介。

---

4. Pantone Inc.；色彩系統供應商，開發和研究色彩而聞名全球。

名氣就是有等級之差
我們在社會中扮演的角色

安迪‧沃荷（Andy Warhol）曾說：「在未來，每個人都會聞名於世的 15 分鐘。」[5] 儘管這句話曾被視為荒唐之言，如今卻變成可行之事，至少在同溫層裡是有可能實現的。拜智慧型手機之賜，現在人人都有機會成名，只是名氣大小的差異罷了。

以美國素人歌手米蘭達‧辛絲（Miranda Sings；也稱為柯琳‧鮑林潔‧伊凡斯〔Colleen Ballinger Evans〕）為例，這位 Youtuber 以幼稚幽默和低俗搞笑的網路影片深受孩童和青少女的喜愛，不但有超過五百萬人訂閱她的 Youtube 頻道，就連影片觀看人次也經常破百萬；米蘭達所出席的表演秀絕對座無虛席，而她也出版了一本自助書──《不一樣的自助》（Selp-Helf）。你很可能從沒聽過「米蘭達」這號人物，但在年輕女孩的社交圈裡，她可是名風靡人物。最近在網路上就有成千上萬名米蘭達的粉絲，甚至有許多人想要仿效她，但也有瘋狂反對者在網路上留下惡意評論。再舉一個簡單例子，凱特‧安德斯

---

5. 出自於 1968 年安迪‧沃荷至瑞典斯德哥爾摩當代美術展參觀展覽時曾說：「每個人都想成名。」當時在現場的美國攝影師納‧芬柯斯汀（Nat Finkelstein）則回答：「是的，約 15 分鐘，安迪。」

安迪‧沃荷的 15 分鐘

2004 年，安迪‧沃荷靠著《康寶湯罐頭》（Campbell's Soup Cans）畫作及「什麼是藝術？」的討論熱潮開始嶄露頭角；而金寶湯公司（Campbell Soup Company）也曾付錢給安迪‧沃荷基金會（The Andy Warhol Foundation），推出以該畫作當作封面的限量濃湯罐頭。後來因為這罐頭實在太過熱銷，金寶湯公司至今還會接到詢問該款罐頭的電話。

有人看到這背後的意涵了嗎？這幅《康寶湯罐頭》畫作近期出售價格高達一千一百八十萬美元；在這宗交易裡，金寶湯公司可能根本沒有獲得任何實質利益，但安迪‧沃荷卻因其帶來了龐大名氣。至於他所相信的：「隨著時間過去，我們都能聞名於世的 15 分鐘」，根據我們的計算，每位美國市民必須經過一萬三千六百五十二年，才能享有 15 分鐘聲名遠播的名氣。所以對我們多數人來說，還是穿穿上面印著：「在我心裡，我就是傳奇」（I'm a legend in my own mind）的上衣，過過乾癮就好。

（Kate Arends）於 2009 年成立生活風格部落格 Wit & Delight，並在 Pinterest 上擁有兩百六十萬追蹤者；她對於現有成就相當謙虛，作為一位平台管理者，凱特把所有名氣都歸功於自身堅定的目標和美學天分。然而，「非有即無」的主張已不適用於名氣這件事上，這世代的小朋友也正放下電視遙控器，轉而進入 Youtube 的網路世界，且在這些人之中，可能有許多人嘗試使自己有著

成名的 15 分鐘。

我們發現，沃荷先生的這句話其實是門藝術，可以有各種詮釋，並從不同角度來思考，不過這也可能是因為我們對語言特別敏感；然而唯一能夠確定的是，許多人都認為這句話源自於網路及社交媒體的誕生。此外，很多人早已見識過自身成名的那 15 分鐘的出現及消失，而真人實境秀肯定更加劇成名的過程，儘管如此，想在美國擁有那 15 分鐘的成名時間，熱門播出時段和網路頻寬也是必備條件。

又或許沃荷先生所指的和我們現在所見識到的，就只是名氣的等級之差而已。此刻你所屬的產業中，有聽過誰是被形容成「有名」的嗎？或在我們周遭社交圈中，有聽過有人是以「你很有名」被稱讚的嗎？由此可見，現今「名氣」這個詞彙的定義，已經與傳統所認定的形成鮮明對比。過去的「有名」是用來形容喜愛某些特定電影、專輯或電視劇的一群美國中產階級人士；現今的「名氣」則是指企業領袖、網路出版商、Pinterest 平台上的貼文人士、推特上的社交名流，以及各式各樣的人。

因此，我們對安迪的藝術之言的詮釋應該是：能在一個或多個社群裡，取得某種程度的名氣。舉例來說，我們有位朋友以前在通用磨坊公司內任職，他發現了幸運魔法棉花糖麥片（Lucky Charms Cereal）的瑕疵之處，這款麥片內的綜合棉花糖並未有真正魔法，於是這個瑕疵就被補救了回來；他個人也因為此事出了名，並為通用磨坊的傳奇故事裡增添一筆。這或許不是他過去所追求的「成名」，但他獲得「名氣」這個事實依然不變。

名氣的另一種定義則是某人在不知情的情況下，被其他不認識的人崇拜；若根據這項定義，多數高中啦啦隊隊長在畢業之前，都能獲得類型的名氣。然而，不論根據哪種定義，越大名氣，越能對個人造成改變，使其人類行為變成企業公司運作；此時此人便成了**品牌管理者**，需要發表產品、擁護品牌，並且不再是我們社群的一份

子。當他們的表現比較像一般人時（在推特或 Instagram 上發文），我們才能看見他們平凡人的一面，並再次開啟我們的信任光圈。

現在，我們就從技術角度來探討名氣並做個精闢總結。SFDD（Scale-free degree distribution）意指「無尺度網路分布」，此英文縮寫將會是你日後開會時喜歡拋出討論的問題，看看是否有人能講出正確解答；「關於這個想法，『SFDD』的潛力點在哪？」這個問題可能會讓你交到新朋友，也可能讓你與他人建立一些亦敵亦友的關係。在不斷擴大的全球資訊網絡裡，可造就各別環境的誕生；而「無尺度網路分布圖」所代表的，就是各個不同的環境。（雖有不同之處，但相同的是）在這些環境裡，名人（中樞）可存在於網路內，並形成冪次定律的分布情況；此分布曲線會優先選擇在網路內具高度影響力中樞，接著才是一長串連結程度較低的節點，在這些節點之上呈現長尾狀態。

你可能會問：「這到底跟品牌有什麼關係？」其實「無尺度網路分布」跟品牌可能有很多相關性。簡單來說，**名氣便是影響力中樞範圍內，具優良連結性的節點**；如果你想提高知名度，從找到那些「影響力中樞」開始下手會是個不錯的選擇。社交媒體和網路都是流動空間，哪怕只有很短的時間，也能擴展模仿效應和名氣；品牌若可找到適當的模仿效應源頭，不但能搭順風車，甚至還能搭著順風車，向前邁進一大步。

❯ 社交不一定要靠網路
尋找烏托邦

讓我們來深入探討社交與數位世界吧！花點時間觀察一下，究竟你我周遭有多少人活躍於這兩個平台。倘若在工作或度假期間，你的屁股不曾離開坐墊，那麼環繞在你周遭的事物，會使你覺得這就便是世界的全部。不過請放心，外面還是有個現實世界，我們的社群也確實存在，且不只是出現在數位世界而已。事實上，並不只有

「數位烏托邦」難以企及；光是想透過數位形式來描述活生生的人類社交網絡，都仍然是難以達到的目標；這或許是因為我們都是真實的個體，擁有豐沛的感官和情感，這是數位和社交世界難以完全複製的。然而，儘管社交網路不夠人性化，但對你我來說，它還是具有相對架構和意義。

所以不好意思，在這裡我們要提醒你，其實你是有病的，而且這種病還具有傳染性；你有「同質性現象」（homophily），沒有藥方可以幫你擺脫它，甚至也不會有藥廠肯花時間與金錢研發藥物，至少我們是這麼認為的。罹患這個疾病意味著，你偏好那些跟你同類型的人，它可能在民族、種族、性別、年齡、宗教、教育或喜好的電玩與你臭味相投等。這就是**潛意識裡的偏見**。

那些跟你思想相近的人也可以藉由專業領域（設計師、會計師、律師、醫師、圖書管理員），或是喜愛的社交活動（滑板人士、單車族、企業家、登山客），抑或是信仰或欲望來區分。你可能會與你的朋友們做出類似的決定，不論他們來自現實生活或虛擬世界，畢竟人都是需要同伴且不可能獨活，甚至已經有人提出論點，認為人類要擁有自由意志根本是種奢望（但這不是我們欲探討的範疇）。就算你總擁有多種偏好，加上網路世代更加擴大了我們對個人或品牌的選擇性，但「信念系統」和「偏見」仍深遠影響你所做出的每個決定。

▶ 一加一等於三
你我的人格特質

人一生中總會碰到各種「情況」和「機會」。打從出生的那一刻起，我們開始有了**情緒反應**、**形成信仰價值**，並受欲望驅使而付諸行動。我們都是藉由與他人的互動來定義自我，而「母親」便是我們首次產生連結時刻的對象。此外，出生的地點（物理位置）也會對我們的信念系統造成深遠影響；若出生在紐約，就會沉浸在**我**的社

會，重視個人甚於社群；但若出生在北京，就會在**我們**的社會中長大，強調要識大體、顧大局，而不是看重自身。

如此一來你便可想像，既然像國家這般大的地方會對我們造成深遠影響，那出生地區這種小地方當然也會。試想一下，如果你是出生在內布拉斯加州道格拉斯郡奧馬哈市（Douglas County, Omaha, Nebraska；郵政區號 68178），你的說話方式會變怎樣？上哪裡唸大學？將來收入會有多少？周遭社群又會是什麼模樣？那假設你是出生在紐約州威斯特徹斯特郡帕契斯區（Purchase, Westchester, New York；郵政區號 10577）呢？上述這些問題可能都會隨著郵政區號變換而大不相同。

由此可見，**物理空間**確實會對個人產生影響，只是程度大小而已。既然物理空間很重要，我們是否能將「意義」和「個性」一併納入考量範圍，變成一個黃金三角呢？

▶ 卡爾‧榮格加上阿爾伯特‧愛因斯坦
原型、共時性和地點

幸好卡爾‧榮格（Carl Jung）和阿爾伯特‧愛因斯坦曾共進晚餐，這可為我們帶來了不少收穫。如果他們是活在現代這個經濟合作的社會，

可能會透過 Google Drive 來合作，並共同發表有關「共時性[6]和量子力學」的文章吧！這兩人都致力於建立一套統一宏論（unified general theory），雖然沒人成功，但榮格還是提出一些令人印象深刻的洞見，這可是助了人類一臂之力。

榮格發現，我們的意識會受到潛意識的干擾，而**潛意識則是由「原型」（Archetype）來主導**；父母親周圍的複雜事物和社群，都可能對人們造成重大影響，或使其從中獲得解放做出驚人之舉。榮格也發現，我們碰到事情同步發生的時候，事件本身對個人則有著深刻意義的時刻。同樣地，愛因斯坦花了自己的後半輩子，試圖透過物理學建立一套可用來解釋所有事物的理論。許多科學家和哲學家似乎都受到了這項概念的驅使；而榮格也相信，**集體意識同樣涵蓋在社會所尋求的事物範圍內**，所以這也是我們沒跟史努比狗狗和威利・尼爾森出去鬼混的原因。

「萬物都有意義」這個想法有助於品牌的討論，因為品牌在我們生活中佔據了時間和空間，所以同樣具有含義；而且我們都是透過互動、社會化和消費在各個被稱之為品牌的無形物之間傳遞意義。品牌自誕生後便以作為象徵之物而活，**凌駕**於其創立者和管理者之上，有時他們還會不小心被看扁了。現在，品牌已然成為我們集體意識的一部分了。

「共時性」的概念，除了試圖闡釋我們集體潛意識的意義之外，也把那些似乎毫無相關的事件包括進去了；把這個概念放到當今的大數據時代來看，我們可將這些共時性事件視為統計上可能的異常值（outliers）；此外，利用「原型」所設計出的品牌和時刻，也能促成同步的效果。

過去榮格曾運用「原型」來闡述**人性**與**潛意識**之間密不可分的關係，但如果你在唸大學時，

---

6. Synchronicity；1920 年由榮格提出的理論，意指「有意義的巧合」，當因果論無法解釋的現象之解釋。

7. 美國大學按照課程難易度編號，大一常修概論課其程度通常列為 101。

特斯拉汽車創辦人也會使用自家品牌嗎？

特斯拉汽車創辦人以交流電之父——尼古拉・特斯拉（Nikola Tesla；1856～1943年）之姓氏來為品牌命名，他同時是名塞爾維亞裔美籍的物理學家、工程師、發明家和哲學家。

特斯拉這個品牌把電動交通工具引進了現代的交通系統，靠得不是吸乾新創品牌利潤的傳統經銷網路；相反地，特斯拉直接以「快閃行銷」（pop-up retail）投入汽車市場、提供到府服務的試駕體驗；這項體驗設計出令人難忘、極具吸引力且宛如夢境般的感受，即使結束體驗後仍令人意猶未盡，這就是本書所說的「體驗設計」。此外，當駕駛在電動汽車內踩下單踏板（不是踩油門）的那刻起，這個經過設計的「時刻」就產生了，目標也會隨之達成。

不小心在心理學 101（Psych 101）的課堂[7]上睡著了，以致對原型一無所知也沒關係！我們在此提供你能在短短 35 分鐘內快速進入狀況。首先，先花 5 分鐘閱讀維基百科（Wikipedia）上關於原型的內容；再花 30 分鐘觀看一部情境喜劇，並從中挑出原型人物；又或者你是屬於大器晚成型的人，那就挑部莎士比亞的作品翻拍成影集的電視劇來看，一樣行得通。關於原型這項概念，也可套用在品牌人性化上，《很久很久以前…：以神話原型打造深植人心的品牌》（*The Hero and the Outlaw*）一書就是在闡述此議題。其掌握的重點要素便是：「原型」會隨著身為人

品牌物理學

59

思│維│實│驗

若有間藥廠研發出一種藥丸,可以降低我們跟同溫層建立友誼(同質性現象);
這會對種族和性別關係,帶來什麼樣的影響?

類的我們如何定義自己而產生；同時也可用於描述品牌，甚至定義品牌之行為。

舉個簡單例子：一個典型醫療機構便能體現「照護者」（caregiver）這個原型，而且只要從文字就能明瞭照護者一詞的意思；不過若要區分醫療照護系統與其他系統，那就得仰賴第二和第三個原型了，像是「罪犯」（outlaw）或「聖人」（sage）。將「聖人」原型套用在醫療照護系統十分合理，但得同時將重點擺在招募最好的醫療人員上；位於明尼蘇達羅徹斯特（Rochester）的梅約診所（Mayo Clinic）就是很好的例子。然而，這套系統中也涵蓋了「罪犯」的原型，怎麼說呢？梅約診所正打破醫療照護系統的既有規範，他們選在明尼亞波利斯（Minneapolis）設立分院，這座城市的治安不太理想，診所附近就是籃球場和旅館，而且此地區還有著精彩豐富的夜生活。接著你會問自己：「還有誰做出類似的事？」要舉出其他例子根本輕而易舉；梅約診所就是其中之一，將「聖人」融進了「罪犯」原型之中，很神奇吧！

❯ 設計的起源

「時刻設計」並非易事

廣義而言，設計包括了建築、時尚、工藝、室內、數位、紡織、圖像、工業和產品等領域；且在過去 10 年裡，我們的社會越來越重視這些學科領域，各企業和產業也開始把「設計」視為一種作戰策略。如果你覺得這很新奇，那不妨去查查百事可樂、3M 和寶僑等公司近期內部人事裡，首席設計師職位的成長率吧！

隨著大家將「設計」從製圖板上搬到會議桌上討論，我們看見更高階的思想也開始逐漸形成。在所有設計領域中，最值得注意的部分包括：**思考周全、引起共鳴，以及設法創造迷人體驗**；對某些人而言，這三個就是體驗設計的主要基礎。然而，如果難忘時刻可以幫助設計過的體驗成形，那我們就可推斷，設計師領域中最高境界便是「時刻設計師」。

我們非常看好那些可以輕鬆將現實生活與數位世界連結在一起的人，因為這類創意十足的人不受限於「創意」或「設計師」的老舊定義，而是將兩者加以融合，壓縮成精華；他們是比較屬害的設計師，能透過設計出迷人且刺激許多感官的產品，加快大眾與品牌在空間內的互動；此外，他們也會進入數位世界，藉由經過設計的對話來提供更深層的社交關係。在我們刻意地將「責任」和「機會」緊密相扣、鎖在一起的情況下，比起上個世紀面對大眾與品牌的關係，下個世紀的設計思考者將得到更多機會，同時也得負起更多責任。

根據廣告時代網站（*AdAge.com*）的調查顯示：塔吉特百貨作為零售商、平台管理人和設計市場的領頭羊，至今仍持續提供有價值的使用心得給日漸擴大的自家品牌擁護群。

大約 20 年前，塔吉特百貨透過「設計」，讓自己與年營收高達四千七百五十億美元的沃爾瑪（Walmart）做出區分；但當時若真有心要打壓塔吉特百貨，許多設計圈的人應該會說，塔吉特百貨當年所做的，也不過是利用設計當作審美工具罷了；亦即外觀美化，內部沒變。然而，從現在的塔吉特百貨所提供使用心得中，我們可以看到重新設計過的小孩用具、露營用品，以及廚房專用的亞麻製品；這些產品不但多功好用，還具備賞心悅目的外觀。塔吉特百貨之所以進行這項優雅的思想改革，其實是因為該公司經歷了一次恐怖的資料外洩危機；除此之外，也實在沒有任何事物足以衝擊公司文化，從而以更健康的方式看待設計這件事了。

當然，你可以先將這頁標記起來，10 年後再回頭看看塔吉特百貨的狀況。而你將親眼目睹下個 10 年的設計思維範例，是如何對品牌成長造成巨大影響；蘋果電腦就是最近的一個好案例。

❯ 良善是種美德

好人物理學

現在就讓我們以 KIND Healthy Snacks 公司為例，來探究空間維度吧！看看我們會有什麼收穫。KIND 公司成立於 2004 年，並以 KIND Bars 能量棒在營養能量棒市場中發跡。2007 年時，KIND Bars 能量棒的銷量僅一千萬美元，到了 2013 年時卻成長到四點五億，這段期間還是全球史上最嚴重的經濟衰退期之一；到 2014 年，KIND Bars 能量棒的市佔率翻倍成長，從 2013 年的百分之四點六來到約百分之九，在整體市場增長百分之十。究竟是什麼原因使 KIND Healthy Snacks 公司的成績如此獨特呢？

這家公司只有一個經營方針，那就是「行善」。該公司的創辦人丹尼爾・盧貝斯基（Daniel Lubetzky）是以哲學觀點經營品牌，這點足以媲美過去那些大人物（史蒂夫・賈伯斯、理查・布蘭森[8] 和華特・迪士尼〔Walt Disney〕）。這家公司不但具有靈魂、誠信，且不會在他們的價值觀上讓步。整個公司上下皆清楚自身定位、工作內容及原因，不論是在原則還是紀律方面，他們始終堅持以最高標準看待。

三個簡單理由造就了 KIND 品牌的成功：健康、美味和社會責任，這些也都體現在這家公司的標語上：「善待你的身體、善待你的味蕾、善待你的地球」；不過原本的標語是沒有提到「你」這個主詞，是後期才加上這項**個人化**的概念。

對於像 KIND 這樣的品牌經營，細枝末節便顯得相當重要；創辦人丹尼爾也在近期發表的著作《做善事》（*Do the KIND Thing*）中講到：「要讓品牌始終如一，不但比大家所想的還要難，其重要程度也超乎了許多人的想像；如果你把品牌引導到錯誤方向或淡化品牌訊息，那麼你的顧客可能就會覺得遭到背叛了。」

---

8. Richard Branson；英國企業維珍集團執行長。

用乾淨透明的外觀將「善意」包裝起來，淋上黑巧克力醬後，含糖量也僅有五克，你還可看到全部的堅果穀物，以及品牌傳達的意義。不論是能量棒本身，還是它的包裝，皆可讓大眾產生「隨取即行」的設計時刻。

《財富》（Fortune）雜誌也曾在 2014 年 2 月出刊的文章提到：「就某種程度而言，在建立品牌知名度的過程中，KIND 公司仰賴創辦人盧貝斯基的原始使命——傳播善意。比起緊守直接取樣（direct sampling）的經營策略，這家公司反而是透過分送塑膠製的卡片，隨機獎勵行善的人們。當這家公司的員工看到有人做了件善事，像是在地鐵讓位或是扶老人過馬路等，他們就會給行善者這張卡片作為鼓勵；行善者只要到 KIND 網站輸入卡片序號與收件地址，便會收到 KIND 寄送的能量棒和一張全新卡片，好讓行善者也能複製這項理念，將善意傳給其他人。這家『不全為利益』而自居的公司也承諾，每年都會提供數千美元支持由顧客推動的回饋社會計畫。」

早在 2013 年，就有三十萬人收到 KIND 卡片，估計有一百萬人因 KIND 所推動的善舉感動不已。同年 6 月，盧貝斯基接受美國《廣告時代》（Advertising Age）雜誌採訪時說：「我們的目標是要從『一個受人喜愛的企業，變成一種心態、一個社群，甚至一項運動』。」儘管他認為公司成長率中，僅有百分之五是來自這項社群運動，他還是解釋了這麼做的真正動機：「如果做對了，就能建立顧客忠誠度和商譽……但在執行的過程中，管理者必須真正的『堅信於此』。」

KIND 公司在能量棒市場上，不僅以全新手法操作社群，還提供了一流的產品；很多競爭品牌會用糊狀添加物來製作能量棒，這種能量棒的製作方式是將全部的堅果和水果磨成糊狀後，再添加穩定劑和人工添加物，使能量棒看起來整齊劃一。盧貝斯基也在《做善事》一書中提到，有許多競爭對手都會採取這種製作方法，因為它更有效率，更能節省成本；但盧貝斯基也說，這麼做只會「讓許多顧客感到不滿，因為廠商們掠奪了食物該有的完整性和靈魂」。

然而比起那些添加乳膠和糊狀添加物的食品，KIND 公司則是採用完整的堅果和水果來製作能量棒，這樣的製作過程更為複雜困難；正因如此，每個 KIND Bars 能量棒的大小都不一樣，重量常常超出包裝上所標示的；就算有時會製作出過短的能量棒，他們也會將這些能量棒轉作試吃品與展示樣品。

KIND 公司採用的包裝策略是明確可見——秀出整條堅果和水果棒，但這卻是不容易做到的事，也不是個容易設計的包裝方式啊。盧貝斯基在著作中提到自己曾經被告誡過：「真實的原物料所製作出來的產品，是無法與行銷人員所描繪出來的理想產品比擬的」，所以那些以糊狀添加物製成的能量棒才會添加香精，並以錫箔紙包裝。過去從未有人想過，透明包裝依然能讓產品保持新鮮，也不曾有人想過以透視的包裝看到整條能量棒，但 KIND 公司卻對此做出挑戰。在《做善事》的書封上提及了 KIND 品牌的十個價值，其中至要關鍵的就是「透明化」和「誠信」，而這家公司在產品包裝上，就傳達了這兩個價值。

你瞭解自己所佔據的空間嗎？

結論

儘管品牌是個抽象概念，但基本上品牌還是得透過具體事物來傳遞其中含義；如果沒有螢幕上的交互式圖像，就不會有 Facebook 這個品牌的誕生，這也說明了「實際觀點」是回應多采多姿的虛擬世界的基本手段，更何況品牌出自無形，也不全算是虛擬的。

1 早在社交媒體出現以前，我們就已經相當重視社交；但新全球媒體的誕生賦予了個人和社群力量。比起過去，兩者之間的磨擦也變得更小了，而這項改變也為品牌開啟了一段潛力無窮的冒險之旅。

2 品牌提供了「經濟效用」（economic utility）和「社會效用」，讓身處於菁英社會的我們變得越來越重視品牌；我們會用品牌來解決問題和找到自身的社會地位。

3 在面對「信任」這件事時，我們的移動方向是由「自身」到「社群」，之後再從「品牌管理者」到位於最底層的「品牌擁有者」；而品牌在傳遞信號時，必須擁有管理者、社群和大眾的信任與尊重。

4 名氣有等級之差；在社群中尋找具影響力的人物，就像在尋找願意將他個人品牌與你的品牌相連結的名人一樣；只要向對的人發出對的信號，很快就能打響品牌名號。

66 04

品牌化 + 信號
BRANDING + SIGNALS

現在你將進一步深入「物理維度」的世界，以更加瞭解品牌擁有者、品牌管理者、社群和個人在其中扮演的角色。所謂的品牌能量正是在上述四個維度中進行轉移，如同萬有引力對星球的影響：究竟在四個維度當中的哪個角度，才能最有效推動品牌？這個問題令人深深著迷。接著我們還會以源自這四個物理維度的信號來檢視：廣告、宣傳和忠誠度行銷（loyalty marketing）等舊有結構；此外，我們也會打破整合行銷傳播系統，找出方法重建品牌擁有者和大眾之間的信任與關係。透過實際案例，包含明智的廣告、宣傳和忠誠度行銷，你將會更瞭解其中各個環節。最後，我們會談到信任及其對品牌力量的重要性，並以誠實公司的案例做結尾，說明感覺、感受和思考都源自於信號，而傳遞正確信號並不是件容易的事。

▶ 每件事都具象徵意義

品牌、品牌化和大眾

只有消費者甘願掏出錢來並擁有品牌記憶時，品牌才算真的存在，而且從許多角度來看，你可以說**大眾在製造品牌**，女性也的確是主力消費端。透過複雜的品牌化過程，品牌才能進入我們的生活，但品牌化過程包含了哪些活動呢？答案是──「全部」。

品牌的成立是所有預期和意外的顧客體驗所產生的結果，而產品本身就是進行品牌化的最好方式，接著才是配銷通路、價格和行銷傳播。我們已經在第三章討論過，大眾和品牌如何透過社交網絡在空間內進行互動；而本章節則要藉由介紹其他角色來進一步深入空間維度，且除了品牌擁有者、信號和體驗品牌者之外，這些角色們也都參與了其中的過程。

行銷理論家希奧多·李維特（Theodore Levitt）說過：「人們購買產品……是為了解決問題。」為了減輕長途的步行所造成的痛苦，人類才會開始騎馬；接著車輛取代了馬匹；飛機取代了車子；聯邦快遞（FedEx）又取代了飛機；最後則是由 Google 電子郵件取代了聯邦快遞。隨著品牌產品爆炸性地出現，我們就得面臨大量的選擇；身處在菁英導向的自由社會裡，人們因社會地位而產生的焦慮依然存在；而對於經濟學家口中的地位財（positional goods；用來在社交圈中彰顯自身地位的產品），其需求仍持續發燒。

除了大量品牌選項，我們還有很多媒體選擇。以前彩色電視裡的三台頻道和遙控器就已經是很摩登的奇觀了，但接著有線電視的出現又震撼了我們；到了現今，光是 Youtube 和 Google 便提供上百萬個頻道。正因數位娛樂如此豐富，商人與大眾的連結才越顯困難，畢竟每天都有來自四面八方的信號在**轟炸**我們。

要讓 X、Y、Z 世代的年輕人們接收到信號最為困難；因為這群年輕人出生時間都落 1960 年代的中後期，他們是在大眾行銷、廣告和科技的陪伴下長大，從小就學到了過濾品牌化信號的方法和手段，畢竟早在數位錄影機（DVR）問世前，他們觀看電視時就有廣告時間了（the bathroom break，簡稱 TBB）；然而從事品牌化的人士，也早已看到了這些現象。在過去數十年裡，大眾已經利用各種非科技方式過濾訊息，畢竟思考這些訊息是很消耗腦力，單純無視（過濾）便不太需要花時間來判讀，這也使得我們只剩這些認知能力了──觀賞貓咪影片可能是例外。

現在我們正目睹許多典型商業媒體衰退，像是電視、廣播和報紙；看看我們之前（第一章）提到的空間和時間維度模型，就可以發現每個人都會為自己**建立堡壘**，來將品牌化信號從日常生活中排除，還會透過網路評價和社交媒體評論，來幫助他人避免落入下意識就知道是不太愉快的顧客體驗。

▶ 空間維度

創造記憶？

我們的空間維度模型是以「個人」為中心，並深受親朋好友及信任同事的影響，因為人類與生俱來便是如此；再加上，現今社交媒體造成的部分影響，所以我們傾向於將上述勉強歸類為「朋友」的範疇內。雖然我們真能在 Facebook 上擁有五百位好友是個開放討論的議題，而根據鄧巴數（Dunbar's number）顯示，我們的朋友上限僅有一百五十人；所以可以肯定的是，在這個快速變遷的世界裡，**鬆散的連結關係之價值正逐漸攀升**；過去的品牌是與工匠建立關係開始下手，現在的我們則是透過朋友來過濾品牌訊息。

位在朋友圈外圍的是「公司」和「代理人」，與品牌擁有者合作來傳遞品牌訊息，我們稱這些人為「管理者」；至於品牌擁有者則位於模型的最外圍，負責提供品牌產品和安排品牌化策略。在建立品牌和品牌化的過程中，這些空間維度就是主要演員，其表現主宰了品牌生死。當你漫遊

空間維度模型

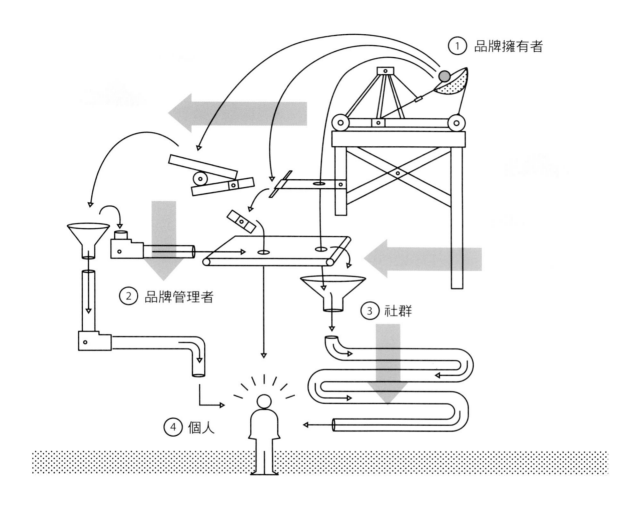

① 品牌擁有者

② 品牌管理者

③ 社群

④ 個人

藥品市場願意接納營養補充產品嗎？

不論是從視覺還是技術面來看，「維他命」和「營養補充品」距離藥品其實也就兩步遠的距離而已；當前例一開，後繼有人追蹤的情況就很常見了；美國維他命品牌奧麗進入藥品市場時，不但翻轉了整個市場，更讓眾人開始重新思考這個產業；而奧麗也以自家營養補充產品，回應了李維特的蘋果橘子經濟學觀點。

由於大眾買的不是維生素 B12 和鈣，而是能讓他們生氣勃勃的體力和強健骨骼，這個決策基準就如同眾人是為了 iPad 內部電路精美而選購它一般。如果你稍微深入瞭解奧麗後，你會從中發現美國創新家庭清潔用品美則的品牌擁有者，也就是哲學家兼企業家艾瑞克·萊恩的影子；甚至可能還會有人認為：其實是奧麗技巧性地帶領「美則」進入維他命市場。無論如何，奧麗的創新思考和設計熱情，還是為品牌帶來了更多成功的可能。

在這些維度時 —— 個人、社群、管理者和擁有者，可以思考一下如何將此與你的公司情況做對應。

在這模型中，個人與朋友屬於圈內人；品牌的管理者和擁有者屬於圈外人，這些角色全都得在極為複雜且充斥著多種回饋制度的社會系統下運作；品牌擁有者還得跨越障礙、取得他人信任。我們會在之後章節講述由這四個因素組成的模型方程式，藉此檢視品牌化成效。現在先讓我們從品牌擁有者的角度出發，努力通過層層信任考驗，直到取得個人信任吧！

❯ 誰才是本章節的重點？

品牌擁有者

品牌擁有者有義務保護並建立品牌，不論是獨立個體、非營利組織、公司、零售商、宗教團體或政府組織，都可成為品牌擁有者，其中又以宗教團體和政府組織過去所從事的品牌化活動最具規模。搭建古夫金字塔（The Great Pyramids of Egypt）肯定得花上些時間，且這麼做也絕非拿來消磨時光；看看那些金光閃閃的古蹟，原先還只是大理石而已，現在卻像是在說：「別小看埃及，我們不但有錢，還有很多奴隸。」這還不足以說服你嗎？想想看美國國家稅務局（IRS）和

中央情報局（CIA）的品牌屬性吧！這兩個組織是否都給了明確又隱喻的保證？請想像一下，身穿 CIA 或 IRS 制服的人員出現在你家門口，便足以證明一切。從許多方面來說，所有強而有力的文化人物或模範，都是品牌的一種。

對品牌擁有者來說，取得大眾信任是一大挑戰，所以我們將品牌定義成一艘承載著信任的船艦；儘管在大眾渴望且認為品牌是具有價值的情況下，品牌擁有者可能會獲得不錯的報償，但還是會因為大眾對組織（公司、政府機關等）缺乏信任而面臨挑戰。藉由品牌管理者努力影響大眾及其好友，品牌擁有者可改變品牌受大眾信任的程度。事實上，沒有任何一個品牌，能在沒有品牌管理者的情況下存活；隨著電視遙控器和電腦滑鼠的誕生，「控制」也被「影響力」取代，成為品牌取得大眾信任的關鍵字。

換言之，品牌擁有者的「觀點」對品牌發展顯然至關重大，他必須為品牌**設定目標、賦予價值**和**指引方向**；至於「品牌化」則是品牌擁有者和品牌管理者，也就是生產合作夥伴、策略夥伴、經銷商、代理商、行銷溝通公司和顧問等共同負責。一開始就為公司建立好商業模式和品牌，就能少奮鬥 10 年來取得快速成長；品牌一旦建立，也得保持警覺、持續改進。

品牌法定所有權的結構，也會影響品牌管理模式、決定品牌得承受的風險程度。若品牌是由企業家持有，那決策方式就跟擲硬幣一樣，一翻兩瞪眼，且承受風險較高，因為企業家容易偏愛自身創作、追求長期報酬；但品牌若是由某個位在德拉瓦州（Delaware）的公司所有（例如名列《財富》雜誌美國五百大企業評比第 499 名的公司），那麼多數的決策都會避開風險、著重短期收益。品牌擁有者所建立的公司文化，同樣會對品牌造成影響，而該文化就是公司結構下的產物。過去的「品牌」指的都是自然人，且所有公司皆由自然人創立；現在卻是由「人」來管理品牌，而公司則歸自然人所有，且就是這些人決定了品牌的未來。

「品牌領導」是個重責大任，而該責任則取決於其在社會上的價值；有些品牌就取得了代表性地位，不但讓使用者變成強力推薦該品牌的擁護者，還能讓他們將其視為生活中的一部分；這就是有好好管理品牌，以達到顧客期望的完美狀態；然而，當品牌擁有者讓顧客感到失望時，得到的就會是令人感到苦澀的結果。

從許多層面來看，你其實可以說是**顧客在控制品牌**；的確，若沒有顧客，品牌便不復在，其中最為著名的案例，是發生在 1985 年的「新可樂」（New Coke）事件。當年百事可樂做了實證研究表示，民眾認為百事可樂比可口可樂還要好喝；百事可樂也透過「百事挑戰」（Pepsi Challenge）活動強力放送此研究結果。可口可樂為了反擊，改變了自家配方和口味，沒想到這卻激怒了可口可樂粉絲，讓他們氣炸了！直到可口可樂把口味改回來，銷售也真的有了起色，此事才算畫下完美句點。當時的可口可樂品牌擁有者如果沒有從此事件中聽從顧客意見，恐怕就變成一場大災難。

▶ 建立品牌，從管理者開始
品牌管理者

建立品牌需要靠團隊合作，品牌擁有者及其團隊得擔任起隊長角色，至於所有**品牌管理者則是品牌的一部分**，而且在品牌產品或服務的製造過程中，可能會有數十，甚至數千個管理者參與其中。舉例來說，種植燕麥的農夫就是喜瑞爾這個品牌的一部分，而製造商、供應商、批發商、經銷商、零售商、交易商、轉售商、代理商、顧問、大眾媒體和社交媒體也都是參與品牌的第三方；每位在這條價值鏈上的成員，都要負起自身責任來建立一個強力品牌。儘管有些爭議，但 Apple 和 Nike 不論是在供應鏈還是品牌傳播上，皆完美呈現了建立品牌的藝術；至於沃爾瑪則是善於管理他們設於亞洲和世界各地的工廠，讓這家美國公司的生產數字有顯著的提昇。

整合行銷傳播曾是眾人的終極目標：大型媒體集團能利用電腦來**布置和控制**消費者接收到的所有訊息，進而發展出機械式消費行為，網路的出現徹底毀滅了這個美夢。儘管如此，品牌擁有者還是需要透過產品本身、活動、公共關係、廣告、網路和社交媒體，將品牌訊息放到分割且變化莫測的媒體格局裡；至於品牌管理者則是典型的傳播媒介，**參與**了其中所有過程。

基於近期的兩個發展趨勢，品牌擁有者更難掌握品牌管理者了，**生產和經銷脫鉤**就是第一個改變趨勢。隨著世界變得越來越複雜，留下來的垂直整合公司少之又少；品牌擁有者反而是將許多業務交由外包廠商負責，利用供應鏈的整合來控制銷售管道的衝突，並對傳播代理商進行妥善管理。

第二個趨勢則是**媒體格局改變**。大眾媒體已逐漸式微，加上過去經驗顯示，媒體可能會在持續緩慢減少後驟降，而曾經興盛的品牌廣告之觸及和頻率模型也都已經崩壞了，如今網路才是主角；與報紙相比，網路所具備的影響力可能有其十倍之多。最近有人將現在這個世代稱為 Youtube 世代，因為對這一代的年輕人而言，除了手機和平板，幾乎沒什麼事能引起他們的關注，而且嬰兒潮時代出生的那群人，也正在努力趕上這股潮流。

這麼說不表示當今的媒體公司會完全消失，

相反地，他們可能會把整家公司的運作移到網路上進行，畢竟媒體公司**本身**就是品牌，同時也是其他品牌的管理者。如果談到媒體大戰，其中最有趣的案例，莫過於美國有線電視新聞網（CNN）和福斯新聞頻道（FOX News）之間的競爭。

當我們表示，不要將美國有線電視新聞網和福斯新聞頻道視為「品牌擁有者」，而是以媒體角度來看待時，你可能會覺得我們把這兩者視為「品牌」本身。是的，我們確實是如此，而你也應該這樣看待才對；雖然真相很殘酷，但兩者實際上都是「品牌」，並以品牌模式接受管理。沒有大眾的信任，品牌就不可能存在；而媒體也的確需要讓大眾相信自身是可靠的資訊來源，以福斯新聞頻道為例，在過去幾十年裡，該頻道是鮮少受人關注的頻道之一，卻是其中表現亮眼的品牌。因此，現在就先撇開政治議題不看，單純以品牌角度出發，好好思考這兩個品牌吧！

福斯新聞頻道在短短不到 10 年的時間，便靠著其信念系統成為大眾願意收看的新聞頻道，並占有約一半的市佔率；然而，如果你認為美國有線電視新聞網播報的新聞才是真的，而福斯新聞根本是在瞎扯，這表示你還待在政治信念系統裡，沒有跳脫刻板思維。事實上，這兩個新聞頻道都各自呈現了**他們**對真相的詮釋，而且思考究竟哪方的詮釋更加正確的過程也十分有趣；但若更進一步來看，這些「商業」新聞頻道的存在，其實就是為了把投入情感的觀眾，提供給廣告商罷了。

至於第二大的品牌管理者則是「製造商」和「供應商」，接著才是「代理商」和「零售商」；在這之中，**零售商本身也是品牌擁有者**，而且比起他們支持的那些品牌，零售商與顧客的關係反而更為緊密，因為他們對於誰買了什麼、什麼時候購買和在哪裡購買，都瞭若指掌。

且讓我們以塔吉特百貨作為高時尚、低成本的零售商之例吧！當塔吉特百貨將某個品牌產品陳列在商品架時，他們不只是買下了這個產品，

透過經銷系統提供管道讓大眾購買此商品，他們其實還代言了這項商品；而且比起街上車庫所販賣的東西，大眾可能比較信任在塔吉特百貨上的商品。這不表示鄰居們每年推出的車庫販賣品有什麼不好，只是我們不會去那兒買咖啡豆而已。

能夠陳列在塔吉特百貨貨架上的商品，具備一定程度的意義和價值，是超乎交易行為中能顯現的部分；而且比起直接向中國工廠購買商品，透過塔吉特百貨購得相較方便許多，不過這類零售商的管理者所能提供的最大價值並不在此。在塔吉特百貨經營成功的情況下，它不但能提供你所需要的品項，就連過去你不清楚是否需要、但在別處買不到的東西，也能在塔吉特百貨找到。由此可見，成功的零售商不僅能陳列商品，也是消費者體驗的來源，所以零售商必須慎選所代言的品牌才行。

像零售商這類的管理者是具有一定的**客觀性**，所以比較容易贏得大眾信任，而新聞媒體和經銷商，其實也算這個類型的第三方管理者，甚至連合作夥伴都能納入其中，包括業界專家、非營利組織和供應商。以上這些管理者都是組成複雜系統的元素，而我們也確實很容易在此迷失了方向。

因此，就讓我們一起進入這個大觀園，把所有潛在的第三方都列出來，並談談幾個有趣案例吧！綜觀吉力貝軟糖（Jelly Belly）的發展史裡，使大眾認識這個品牌的時刻，最有可能是發生在羅納德・雷根擔任美國加州州長（California governor）期間，為了戒菸而開始咀嚼吉力貝軟糖作為替代品的時候。在羅納德・雷根晉升為美國總統後，當然沒有損害到該品牌的知名度和文化相關性；在雷根總統用一袋袋吉力貝軟糖來討好國會裡的民主黨議員時，該品牌也隨之渲染成流行文化。與之相像的現代版案例，便是美國服飾品牌 GAP，因為該牌服裝相當舒適，頗受前美國總統夫人蜜雪兒・歐巴馬（Micelle Obama）青睞。

然而，熱力學第二定律，也就是「熵」（entropy），總是在品牌管理者中發揮作用。根據定律，倘若房間內不再補充氧氣，那麼空間裡的熱源便會將所有氧氣全部吸光；想想運動員、電影明星、文化名流的站台行為便能理解此原理了。舉例來說，2001 年女神卡卡（Lady Gaga）曾出席拉斯維加斯（Las Vegas）舉辦的美國消費性電子展（Consumer Electronics Show，簡稱 CES），來為寶麗來（Polaroid）站台；但自此之後，大家有再聽任何寶麗來的相關消息嗎？如今該品牌的拍立得適用程度呢？這是個非常典型的案例，可以清楚看到大巨星為品牌背書後，能量卻迅速地消散不見。

現在再想想看，當品牌代言人不是超級巨星，而是擁有數千名追蹤者的媽媽部落客。這些部落客架設的部落格不但能吸引數百萬名讀者，且找這類小代言人所要承擔的風險不但比較小，也較能為品牌注入更多能量；由此可見，邀請成千上萬名媽媽部落客來代言，讓她們在 1 年的時間裡，好好闡述使用嬰兒用品的美好體驗，便可為品牌帶來較持久的影響力。**多重熱源會引發其他熱源帶來火光**，就像這些部落客們，雖然自身影響力不算太大，卻能感染其他部落客和社群影響者，這就是實際的「無尺度網絡分佈」。比起尋找迷人耀眼、身穿合身剪裁服飾的時尚達人來替你代言，部落客代言形式反而能以更持久的方式建立品牌能量。

另外，我們也有許多在無尺度網絡分佈表現十分亮眼的公司企業、非營利組織和其他機構案例，而且有許多原因足以說明，品牌背後如果具「高目的性」，通常表現都較優秀：面對自身信任度下降的情形，它們會拿出實際措施來應對。美國公益休閒鞋品牌 Toms 之所以值得信任，是因為只要顧客買一雙鞋，他們就免費提供一雙鞋給需要的人，這種訴諸情感的方法，是最有力的人類能量來源。

雖然建立品牌或許可以不需要第三方（眾多品牌管理者）的幫助，但我們並不建議你這麼做，因為這只會使邁向成功道路變得更加陡峭、

障礙更顯巨大，問問馬克‧吐溫（Mark Twain）筆下的湯姆‧索亞[9]粉刷圍欄一事就知道了：如果有朋友可以幫你的忙，做起事來總是會比較有趣。

▶ 在某些事上，選擇相信周遭的人
來自社群的建議

要測試某個人對品牌的忠誠度，可以問問他是否會向親朋好友提起這個品牌就能得知，很簡單吧！但為何是如此運作的呢？因為比起組織，大眾可能還是傾向相信他人，畢竟當我們為品牌背書時，就等於是把品牌納入生活之中，加上日後很可能還會遇到這個人，而且我們都不想走在路上時慘遭蛋洗。

過去 10 年裡，網路社群的影響力和能量大幅飆漲，其程度就跟過去 20 年品牌管理者的成長速度一樣，特別是「零售商」。網路尚未誕生前，如果你要買台美國 Moots 鈦合金單車，你應該會先問問朋友意見，畢竟這是需要花上一大筆錢的；一般 Moots 單車光是車架就要三千五百美元，這還不含坐墊。詢問朋友意見的方法包括打電話、寫信，以及直接約他見面聊聊，現在這些全都可以在網路上搞定。

如今，品牌能更有效地在大眾之間傳遞能量；同樣地，討厭品牌的人也能迅速傳遞負能量。現在就讓我們來看看，在這場冒險歷程中，有哪些好友圍繞在品牌的周遭。舉例來說，透過觀察朋友的穿著、看看他們春假上哪兒玩，這樣的行為其實就是在接收品牌資訊，即便我們根本無意這麼做。

大眾開始將日漸活絡的社交媒體，當作從朋友、同事和家人那兒收集「能量」的平台，這其實跟大眾對公司行號或政府機關等組織不信任有關；**當組織不被信任，大眾便會要求一切要更透明化**，而我們的社群，也就是親朋好友和同事，剛好填補了這個空洞。就跟植物需要陽光般，我們都會在生活中尋找可靠來源和意義。透過社群，我們就可以得到品牌正負面的資訊，其程度僅次於我們親身體驗。

若你是品牌擁有者，你可能會問：「那我們該如何打入社群？」但隨著時間過去，答案也一直在變，從旅遊行商、街上店家、電話推銷、大型零售商、網路店家、廣告信件、一直到點擊廣告和社交媒體比比皆是。當銷售人員或零售商開始自私自利、機械式地經營品牌時，品牌便開始瓦解，畢竟為了銷售而銷售，是無法與大眾發展深厚關係，既使是多層次傳銷（multilevel marketing）也絕不會在朋友圈內發生。

那麼還有什麼方式能打入社群？「置入性行銷」也算是種低調行銷手段。找位名人來管理你的品牌、讓她使用品牌產品，並設計狗仔隊去偷拍——最好是她覺得隱密到可以裸體的海灘上。雖然名人能為品牌聚集大批能量，但他們的行為，與其說是社群，還更像是**管理者**；所以眾人的信任光圈也會隨之快速收縮。若你是知名人士，同時身兼管理一職，那你的角色會比較像個「公司」，而非值得信賴的「顧問」；換言之，雖然在他們信任你的個人品牌下，直接請他們來控制你的品牌會比較有整合性，但這種花錢找明星代言的效果，也就僅止於此而已。

身為品牌擁有者，到底哪個才是取得大型傳

---

9. Tom Sawyer；《湯姆歷險記》中的主角。

播效果的最佳方式？在回答這個問題之前，請先花時間換位思考：**大眾為何要和你的品牌建立關係？**其實我們跟朋友建立信任的方式，也就是品牌取得大眾信任的方法。

❯ 自己的體驗自己選
獨立個體

你所有朋友都嘗試過這項「新潮」的新產品，看見他們在自己的 Instagram 裡笑得多開心的樣子；在電視或是路邊廣告看板上，你看過幾次這項產品的廣告，你甚至已經閱讀過該商品的網路評價，於是你心動了。昨天晚上，你又在新聞上看到這個你想要的產品，而且主播表情裡還有著藏不住的欣喜雀躍；雖然你認為自己是獨立個體，擁有自身想法，珍惜擁有的自由與自主權，但你卻開始覺得自己是最後一個還沒做出新嘗試的人。於是，你衝破自身最後一道防線，跑去商店內觸摸和試用這個新產品，並在那裡和友善的店員聊天。最後，你選了一個漂亮的顏色，花些時間看看它在你手裡的模樣，這時決定的時刻來了，你會開始思考自己的選擇是否正確、會不會影響到你的社交信譽（social reputation）。

緊接著，那位身穿制服的店員面帶微笑走了過來，問問你手上拿的是否就是你想要的；她在離開沒幾分鐘後，又微笑地帶著你的包裝盒走了回來，並將盒子遞給你，然後你緩慢地掀開盒子，滿心感受這珍貴的瞬間。沒錯，就是這樣，此時店裡的燈光投射到你的背上，綻放出炫彩奪目的美麗光芒；接著你將產品從簡約的外盒裡取出來，放在手上端看好一會兒，細心感受它的觸感；在感受產品外型的當下，你也感覺到設計出這項簡約產品的設計者，在背後所付出的用心，在你從產品的黑色鏡面裡看見自己時，你知道自己再也不會因落伍而遭受朋友取笑，你身上不斷釋放催產素，好似墜入愛河般。

恭喜你，買到新一代 iPhone ！

對那些想要購買 iPhone、卻難以狠下心砸六百到八百美元在這項貴重科技產品上的人來說，上述案例是最引人入勝的時刻，也是奢華電子產品品牌的設計時刻，專為你以及其他數百萬像你一樣的消費者所設計。如果把購買這項產品與珠寶對照，你肯定會發現這是刻意設計的體驗時刻，當你發現自己會想去 Apple 商店（Apple Store）逛逛時，你也會明瞭這也是經過設計的。我們都把自己視作身處在不理性世界的理性動物；但事實上，我們都是憑**感覺**在購物，實際情況也證明果真如此。

❯ 讓一些光照進來，看看有什麼成長
信任光圈

現在讓我們看看真實世界的案例吧！優步是現今發展相當成功的企業，關於這點各有正反意見。有一派搭過優步的人，他們很喜歡這份搭乘體驗，而且如果要他們回去搭傳統計程車，他們恐怕會覺得難以接受；另一派人則是考慮到安全性，這些人不但聽過優步司機的可怕事蹟，也很擔心搭乘這種新型態的計程車需承受的風險。

不願嘗試搭乘優步的首要常見理由：「和陌生人坐在同部車上讓我感到不舒服。」但你可能會接著問：「搭乘計程車不就也是搭乘陌生人的車嗎？」答案是：「沒錯，但有什麼方式可以避免優步司機綁架你？」然而，當你按常理回答：「那又有什麼方式可以避免計程車司機綁架

思 | 維 | 實 | 驗

Apple 的忠誠度行銷策略是什麼？

你？」時，你將發現一件事實，每輛傳統計程車都有營業登記字號，而優步系統裡只會你與載你的司機的聯繫紀錄。優步的負面信號讓許多人無法信任它，不管接收到多少正面信號，優步的信任光圈還是難以開啟；而且習慣一旦養成，就很難再改變，除非所有人都有所轉變，甚至可能要連傳統計程車都向優步看齊，才有可能。

隨著我們年紀漸長，累積了人生體驗，這使得我們對品牌擁有者和管理者的信任光圈傾向關閉；你可以把這當成人們普遍失去樂觀的態度，不過實際上，這跟利益有關，而我們不過向現實主義邁進罷了。只要品牌擁有者能給予明確和隱晦的承諾，隨著時間漸增，就能讓我們打開信任光圈，接收品牌信號；但之後只要他們打破保證，我們就會再次關閉接收品牌信號的信任光圈。

大思想家的偉大設計
好市多的狂熱現象

好市多受大眾信賴的程度令人驚艷，品牌名稱及商標設計都很普通，整棟建築乍看像個倉庫，水泥地的地板，牆壁是用煤渣磚堆砌而成，照明設備則是採用電弧燈，但為什麼總是被《消費者報告》（Consumer Reports）票選為第一名零售店？答案其實跟好市多的商業模式有關。

好市多只提供消費者「有限選擇」，大眾自然不需因眾多選擇而感到焦慮，同時還能增加消費力；此外，好市多售價版上的標價不但含稅，就連稅率都是統一的，而其二十億美元年營收全來自會員每年繳交的會費。好市多的營利方式讓大家將重點擺在顧客體驗上，就連買家也是如此，而好市多的商業模式也著重在「顧客」和「顧客的體驗」上；因為當顧客成為品牌的朋友時，你便不需付錢給品牌管理者了，會員就是最好的廣告。

打廣告不等於品牌化 但卻是其中重要環節
影響廣告的因素

倘若我們全然相信廣告，且沒有其他取得資訊的方式（媒體、朋友、產品使用等），那麼廣告確實等同於品牌化；但畢竟我們不是機器人，我們有朋友、同事、感覺和既定信念系統，所以廣告並不等於品牌化。不過廣告在品牌化過程中仍占有重要地位，因為**廣告所呈現的便定義了品牌的世界觀**。由於廣告訊息是源自於公司，所以大眾可以透過廣告瞭解公司是如何看待世界，以及公司想要你接收到的訊息。雖然我們會對廣告抱持保留的態度，但比起全然不信，我們該如何詮釋這些訊息反而更為重要。

大規模生產、大量運輸和配銷系統，大眾傳播與廣告，這些都是促成工業革命的因素，開啟低成本製造、以便宜價格售出標準化產品的潮流；然而，隨著品牌的出現填補了空缺，加上過去的有線電視及現在的網路打破傳播系統，廣告也變得不再迷人、不再有效率了，使得廣告狂人世代正式畫下句點。這也使得在當今社會裡，打廣告反倒是個高風險策略。

儘管如此，還是有些人企圖使用「打廣告」這個老舊宣傳手法；我們在這裡大略解釋一下這些人詭異難懂的心態：只要透過訊息「刺激」顧客的次數夠多（最新標準是九次或九次以上，過去只要三次），顧客便會注意並購買該品牌產品。

但大眾真正的想法是，只用訊息「刺激」我一次，你還可真丟臉；「刺激」我兩次，那就是我的不對了，竟然沒有趕緊低頭閃過廣告時間，或用數位錄影機的遙控器按下快轉鍵。這種想法可能就是造成廣告及其概念逐漸式微的原因之一；如果你覺得這觀點很新穎，想想看最近發生案例就好，坎城國際廣告節（Cannes Lions International Festival of Advertising awards）中的「廣告」詞彙已被「創意」所取代。

當你真有新想法要表達或提供創新產品時，廣告依然能激起熱烈火花；只是盛行於 1970 年代的廣告媒體採購邏輯，也就是只要能夠在節目中間插入夠多次的廣告，大眾就會忍不住注意並購買品牌產品；而這已經導致過去幾十年來媒體過度飽和，使大眾對媒體感到厭倦和不信任，加上商業媒體素質下滑，整個媒體產業變得更加糟糕。因此，目前的大眾媒體廣告都打保守牌，試圖避免與他牌較勁，並且努力說服大眾用到膩了的產品仍風韻猶存。儘管如此，原版的「1984」電視廣告曾風靡一時，為麥金塔電腦（Macintosh computer）取得了不錯的宣傳效果，顯示了有其他廣告方式能帶來名氣和財富。

廣告控制了傳遞出去的訊息，然後內外部的管理者能篩選並將這些訊息變得有趣；只是**廣告所傳達的是品牌擁有者的觀點**，幾乎沒什麼空間能讓大眾參與其中或進行互動，所以在過去 50

年裡，廣告的用處已經變成推動銷售、讓廣告公司獲獎並掛在牆上炫耀，以及滿足品牌管理者的短期需求。

❯ 「購買忠誠度」等同 「餘債未清」

忠誠度行銷

當鄰居問你喜歡或欣賞哪間航空公司時，你回答得出來嗎？其實你心中浮現的答案可能沒有幾個 —— 或許會是國泰（Cathay Pacific Airline）、維珍（Virgin Airline）、捷藍（JetBlue Airline）或新加坡（Singapore Airline）等航空。多數美國旅客不太跟航空公司建立良好關係，所以航空公司同樣很難與顧客打好關係，因為過去 20 年來，航空公司的表現並不親民。

不論是油價浮動、超售座位試圖將每個位子都填滿，以及與旅行社「脫鉤」，都再再挑戰了航空公司與乘客之間的關係，加上航空公司所祭出的忠誠度計畫，讓乘客在根本不需忠誠度的情況下，就能以點數來換取忠誠度計畫之獎勵，這根本就是錯誤的策略。乘客累積的點數如同金錢一樣，讓他們獲得搭乘未來航班的承諾，但航空公司卻控制了點數的價值與取用方式，導致這項以金錢換取忠誠度的計畫，不但讓乘客抱怨連連，也變成了航空公司資產負債表上的債務，然而在現今忠誠度行銷中的世界裡，這類型的思考模式依舊盛行。

雖然購買忠誠度等同「前債未清」的概念，但**贏得忠誠度**就不是這麼回事了；二者之間的差異其實取決於「手段」和「方向」是否正確。個體可能不會宣稱自己忠於某個品牌，但在面臨抉擇的那一刻，他會表現出忠誠行為，接著那股忠誠會變成一種不言而喻的感受：「我對可口可樂情有獨鍾，因為可樂就是我的首選品牌。」

此外，只要設計得當，大眾便會忠於某個時刻，他們心裡可能會想：「我總是在星期二早上去塔吉特百貨買東西，因為那個時間人潮較少，

還有部分原因是，我發現星期二的售價最便宜。」這就是「忠於事實的時刻」（moments of truth），讓品牌擁有者知道，要把行銷資源放在有意義的時刻上，好贏得顧客的忠誠度。

▶ 說實話，但也得管理傳遞的訊息
公共關係與宣傳

大家都說廣告是花錢得來的，但公共關係則是禱告來的。透過宣傳，不但能打響品牌知名度，也有助於管理品牌擁有者的聲譽；而且除非過去 10 年你都被鎖在小隔間裡，否則應該知道，以**故事敘述**來建立品牌價值的案例已有爆炸性的成長。

許多品牌的建立都是以**公共關係**和**宣傳**為主，廣告的部分少之又少，甚至根本沒有，舉幾個你可能知道的案例：巴塔哥尼亞（Patagonia）、誠實公司、GoPro、KIND Bars 能量棒和好市多。這些品牌也提供了我們許多例子來說明好的商業模式、故事和內部的一致性，是足以成為推動品牌的動力。戶外服飾品牌巴塔哥尼亞在公司文化中加上了故事敘述，不管顧客是否看見，這個品牌所做的每分努力都有故事在裡頭。誠實公司結合名人的影響力、販售負責任的產品，將其融入現代家庭關係中；並透過充滿愛心、社交活躍這兩種特質母親之間的對話來建立品牌。至於 GoPro 則是建立了一個平台，讓品牌使用者可以藉由高解析影片，來分享他們充滿絕技的冒險之旅。從本質來看，這些品牌皆以「分享生命中最棒的冒險旅程」和「最不可思議的故事」來建立品牌。

20 世紀初期，隨著洛克菲勒家庭（Rockefeller family）在勒德洛大屠殺（Ludlow Massacre）後修補了自身聲譽，公共關係這門學科的發展便有了大進展，過去稱作「損害控制」（damage control）也有了新名稱——「危機傳播」（crisis communication）。雖然危機傳播不是用來激發大眾靈魂，但在公關公司提供的服務項目中，乃屬

煥然一新的感覺如何？

可口可樂的瓶身設計是相當明確且辨識度高，即使眾人在黑暗之中仍可清楚認出它來。之所以能辦到這點，可口可樂瓶身的設計師，必須先著重在人類感官上；以有效確保人們在沒看到「可口可樂」字樣的情況下，照樣能區分出自家產品。不論是從瓶身的形狀、線條到重量，都要給人一種專屬可口可樂的獨特感受。

正由於瓶身的出眾設計，因此儘管有人認為將黑色作為下款可樂瓶身的顏色不太可行，但成果足以證明，它已經再次迅速地成為可口可樂的另個獨特象徵。

我們很容易忘記自身感官的重要性，但若要品牌的「設計時刻」，那就得像設計瓶身般，精確無誤。

負責任的品牌

早在「永續」成為流行詞彙、綠色成為試圖表明愛護地球品牌的首選顏色前，伊凡・修納德（Yvon Chouinard）就以「責任」來建立巴塔哥尼亞品牌。

至今這個品牌仍維持同樣的敘述傳統——負起品牌責任，備受眾人愛戴，同時讓品牌適應以消費為主的現代經濟體。

作為以「故事」為導向的範例品牌，巴塔哥尼亞在選擇新合作夥伴來替基本包裝重新設計時，也將這個問題納入了評估考量：基於品牌背後那些人的信任，「你願意花一個星期跟這些人待在帳棚裡嗎？」，這個問題不但合乎了品牌文化，也讓他們團結一心，在設計、製造和提供產品上負起責任，成為一個為大眾和地球設計而成的品牌。

危機傳播的收費是最高的，其程度就像在你結婚前夕，才請律師把你從監獄保出來，只盼望隔天能完成終生大事；當品牌將自身導向不利於己的情況，就必須啟動危機傳播。

這時你應該會問：「『任何宣傳都是好宣傳』，這難道不是普遍認知嗎？」這結論下得有點過早。「如果根本沒發生什麼事」，那這個結論當然正確，畢竟有人給你負評，至少表示還是有事發生，即便這種宣傳是負面的，還是具有能量。這麼想好了：假設品牌能量是一陣風，負面宣傳就是阻礙你的船隻前進的逆風；倘若連一陣風都沒有，那就等於一點宣傳能量都沒有，所以就算逆風吹來，你只要懂得調整船隻方向就好。

▶ 箇中高手的瑪莎・史都華
獄中模範

調整船隻方向、將負能量轉成正能量的最佳模範，非瑪莎・史都華（Martha Stewart）莫屬。她曾因違反美國證券交易委員會（SEC）而入獄，在服刑期間她發揮了正面且創新的精神；據說（根據她親密友人說法）史都華在服刑期間開課教導獄友烹飪和裝飾課程，在服滿刑期後，她表示自己對於過去的作為感到懊悔，以及自己在獄中消磨時間時所面臨的挑戰。她所創立的高端品牌，便是以一切事物皆具美麗的細節設計聞名，使品牌看起來「很完美」，直到她與凱瑪百貨（Kmart）達成經銷合作關係後才變了調。

雖然我們不推薦這種做法，但史都華妥善管理服刑時間，最後造就了個人品牌的價值；只是在與凱瑪百貨合作後，這個價值可能遭受了損害。儘管分銷協議為瑪莎・史都華這個品牌帶來了收益，凱瑪百貨也因此達成更多的銷售，但品牌給人的溫馨感，也隨著這份額外收益而變得黯淡。作為零售商，凱瑪百貨不但讓瑪莎・史都華品牌的狂熱粉絲變得不再盲從，許多喜歡瑪莎的人也肯定曾對凱瑪百貨分銷協議抱持懷疑態度：

「真的嗎？瑪莎‧史都華的產品會在凱瑪百貨獨家銷售？」

▶ 瓦解的整合行銷傳播
打破行銷組合

仔細看看我們空間模型的四個維度（品牌擁有者、管理者、社群、個人），想想我們當前和未來發生的事件，你會怎麼做？現代人幾乎都不太信任品牌擁有者了，只要有點光穿透信任光圈，就能讓人驚訝不已；品牌擁有者和學校也一直在嘗試以各種方式，來重組「大眾媒體整合行銷傳播」計畫的各部件，且該嘗試的幾乎都已試過了，結果還是一樣。於是，我們有了疑問：是不是**不該**整合行銷傳播系統？還是行銷學實在太過繁雜，且正在瀕臨滅絕當中？

在 1980 和 1990 年代，大型零售商成了眾人的新歡，再加上近期興起的亞馬遜網站及各大媒體整合，造就了現今這個永恆狀態。然而，到了 2000 和 2010 年代，社群的力量透過社交媒體逐漸浮現，四處都可以取得一堆推薦資訊。品牌擁有者也經常發現自己無法直接發送信號給大眾，不然就是大眾會對信號抱持懷疑、不信任，有時甚至是憤怒的態度；因此，品牌擁有者只好讓出掌控權，透過管理者和社群來傳送信號，好讓信號傳遞變得更有效率。

我們不認為行銷正陷入凋零狀態，但想要延續下去，肯定得補充新知才行；透過「思想領袖」和保守派人士，我們或多或少有了點提示，但還沒將此拼湊起來，勾勒出明確的未來藍圖。我們知道的是，如果想要有所改善，需要解決三件事：

第一，我們必須**重建同理心**，將大眾視為獨立個體，而不是消費者、觀眾或區塊。

第二，我們必須**打破整合行銷傳播系統**，重新評估所有內部結構，看看哪些還具效益及其用途。

第三，我們必須在顧客體驗與各派品牌行銷思想上，建立統一理論或哲學觀。

⊙ 成為中樞點，而不是突起點

誠實公司

你可曾有過看到某人後覺得相當熟悉，好像曾在吃晚餐或喝咖啡時見過他，但怎麼也想不起來是怎麼知道他？接著你就會意識到，「他」其實是當地某位名人或新聞話題人物。我們都會透過媒體，讓他人踏進我們的生活圈，且可能每天、每週，甚至是每小時都與他們互動；只要他們妥善管理自身聲譽，就能留在我們的記憶中，並讓我們對他們產生信任。然後他們會開始評估自身名字及代言品牌值多少錢，可能小至市場發表的產品，大至自己的時尚路線、鞋子或香水；然而，從你認為具備「名人身分」的某位人士，在轉變成「名人品牌」的過程裡，其實是充滿風險的，而且現在大眾也比較不會相信藏在名人面具下的品牌管理者。

然而我們認為，與名人合夥成立公司是個新遠景，誠實公司就是一例。這家公司擁有名人創辦人的品牌，卻不是名人品牌；兩者的區別不但重要，也與品牌目的有關。「名人品牌」其目的是以時尚形式解析**名人們**的生活風格：上至他們的穿著、使用香水，下至穿在腳上四處走的鞋子都涵蓋在內；然而，潔西卡‧艾芭說誠實公司的品牌宗旨是：「你和家人碰觸到的每樣東西，也就是說家中的所有事物，都必須是無毒的；而且要好用又好看，價格也得平易近人。」這句話也說明了，這位名人的任務是與其他兩名夥伴成立品牌，而不是一個名人品牌。

現在讓我們以尿布市場為例，說明在重視品牌且經濟停滯的市場上所出現的爆炸性成長曲線。難道在《財富》雜誌所列出的全球五百強公司中，沒有其他值得我們尊敬、聰明且具豐富行銷經驗的公司們賣尿布給媽媽們嗎？艾芭女士和她的團隊究竟有什麼優勢，得以超越那些資金充足的大人物？

首先，媽媽和孩子之間的關係是什麼樣子？相信世上沒有比這更濃厚的人類關係！所以想想

孩子的絨毛娃娃上不能出現任何髒物，更不用說那些未經檢驗的化學物質了；當我們要談論嬰幼兒品牌時，誠實公司是再好不過的例子。該公司以潔白、純淨和美麗動人的設計，實現了潔西卡・艾芭為保護孩童免於受到化學物質傷害的目標。

看，過去針對這層關係所設計的品牌（說出你最愛的尿布牌子），並拿出一點好奇心去看看該產品，以及製造過程是否添加了化學物質；不論這些物質有害無害，化學物質就是化學物質。

這些歷經歲月的舊信任船隻（尿布市場的既有品牌）是什麼樣子？細數這些品牌背後，皆有著歷史久遠的背景、大筆資金可運用在廣告和促銷，或許他們只是一直在錯誤領域進行革新？如果你之前沒買過尿布，那當你要進行選購時，哪個時刻最為關鍵？答案就是：當媽媽站在零售商品架前，閱讀著尿布包裝上的文字，從中檢測出更好設計、更環保成分，並刻意避開「被視為」有害化學物質的時候。這就是誠實公司的首要優勢，諷刺的是，這其實也是寶僑公司旗下幫寶適品牌得面對的事實——「真相時刻」。

你曾聽過「環保紙尿布」這樣的說法嗎？如

果你的父母親不是嬉皮，你的屁股也沒有因為穿布尿布而有扣針扎痕，這聽起來應該很矛盾；而在環保紙尿布的好處尚未明朗前，過去哪個尿布品牌會願意研發更環保、價格更高昂的尿布？你內心也許會這麼說：「在這個市場上，根本沒有人在賣更環保的尿布」；那麼過去哪個品牌願意朝此方向創新呢？肯定不是那些透過老品牌來維持市佔率的公司。

然而，這家新起之秀（誠實公司）不需擔心市佔率下降，因為整個環保紙尿布的市場占有率正在上昇。在創新方面，有誰能比保護孩子免於「大型劣質公司」茶毒的媽媽（潔西卡・艾芭），更有辦法超越那些老品牌？此外，誠實公司內部擁有非常理想的對外發言人，有許多故事可以與社會大眾分享，也有符合現代品牌英雄故事的潛力產品。

還記得拉斯維加斯的代表字嗎？沒錯，就是「吝嗇」。

結論

本章節應該已經讓你留下些許深刻記憶，而我們也透過此章節講述了幾個希望你能瞭解的想法；但如果讀完後你還不太明白，以下結論能為你指點迷津。

1 「品牌化」就是一切。在我們擁有眾多選擇和接收信號下，品牌化變成了不可或缺、卻難以控制的活動。想要建立品牌，就必須透過「信號」來產生「時刻」和「記憶」才行。

2 品牌擁有者屬於圈外人，距離社群和個人最遙遠，這也導致信任等議題；因此品牌擁有者跟自己服務的大眾和社群直接接觸，便顯得十分重要。

3 品牌管理者也屬於圈外人，但通常較靠近「個人」，也是品牌化過程中不可或缺的角色。基於品牌管理者就是「品牌的延伸」，所以得以抱持謹慎尊重的心態妥善管理。這點十分重要。

4 社群由「大眾」組成，是品牌首度觸及的圈內人，並有助於品牌建立；因為大眾比較容易信任友人，且重視自身能否被社群接納，所以社群是影響大眾決策的主要因素。

5 個人的品牌體驗，就是品牌化的最終階段，因為個人產生的第一時刻能夠改變她對品牌的一切想法和態度；加上社群內的口耳相傳，品牌能量就能快速地擴散開來。

6 品牌化可能還包括廣告、忠誠度計畫和宣傳，但各自不等於品牌化；而品牌化活動和品牌化系統的融合與管理，將決定了品牌的效用和影響力。

05

信號 ＋ 感官
SIGNALS ＋ SENSES

本章節我們要在溫暖的海浪，也就是人類的五個感官裡泅泳一番：視覺、聽覺、觸覺、味覺和嗅覺；真正的衝浪，有海鹽、有沙，還得面對巨浪把你的衝浪板打壞的風險。還好，我們的感官探索沒那麼危險。在此，我們將瞭解「記憶」的重要性，以及「信號」如何藉由人類感官建立記憶。你會先迎接神經學的基礎議題，再探索「雙泡殼包裝」[10]的案例；並回想起食用超級食品（Superfood；非超級好吃之意），例如「羽衣甘藍」的味道。接著從數學角度出發，你將會對審美觀有了全新見解。你也會以老鼠的視角來觀看「標誌」，並更進一步地瞭解你全身上下最大的器官——皮膚。

---

10. clamshell packages；以塑料製成的透明雙層外包裝盒，可視商品外型開模設計，常見於 3C 周邊產品及需顯露內容物之包裝形式。

▶ 「信號」在跟你打招呼
我們都在「消費」信號

　　想要擁有知名度，品牌就得在人腦數十億的神經元裡，先找到一處「自己的家」，也就是能存活和被檢索的**記憶點**；這是因為每個人天生設有層層關卡，能將自身與品牌信號隔絕開來。而在第四章中，我們討論到了品牌擁有者所傳遞的信號難以開啟大眾的信任光圈，以及過往都是由分散媒體來傳遞信號；除此之外，雜亂訊息的干擾和淹沒信號使人分心，也成了品牌記憶點的阻礙。如今，在我們身處的超連結世界裡，「注意力」已成了人類最稀缺的資源。

　　在每個我們醒著的瞬間，各個感官信號就在爭相要求關注。不過，在深入探討你所熟知的五感（視覺、嗅覺、聽覺、味覺和觸覺）之前，我們得先承認，因為其他感官，像是：平衡感、速度感、溫度感、動覺、痛覺，甚至是時間感等，都不是時常被探討的議題；所以儘管這些感官對人類相當重要，我們還是決定保留，有朝一日再另闢研究領域。

　　根據神經學家的研究，人類大腦負責了大量的編輯工作。就如同光子在物體上反射而進入眼睛內；在一百萬個信號中，我們最終能意識到的只有一個，且其他絕大多數的信號，也會因為觸覺、聽覺、味覺和嗅覺而遭到排除。到了最後所

遺留下的信號，才會與我們的記憶以及**近期情感狀態**產生連結；藉此不斷傳達「想法」和「行動」，進而產生更多的**感官資料**。

　　網路誕生後，大眾比以前更具判斷能力，這對行銷人員來說確實是個巨變。試想要在你上班途中，於 90 秒之內來建立一個記憶時刻，那便能明白這項重大變化：當你從下高速公路到開往公司的途中，你「消費」了五個廣告看板，那就表示這些廣告看板正在傳送信號給你，而你也正消費著這些信號；但在多數情況下，當你被問到沿途看過**哪些**廣告看板，甚至是**多少**廣告看板時，你最後可能會用猜想來回答。然而，在你手裡拿著一次性的紙杯時，所傳遞出的是優質咖啡的信號；至於薄薄的塑膠杯所傳遞出來的信號，則是在加油站買的便宜咖啡。

　　從你下高速公路後所選擇咖啡的氣味開始，即是透過此生對各式咖啡因的選擇當中，所傳遞之訊號做出的回應；從當地店家的廉價手沖掛耳咖啡，到由機器調製一杯高品質的星巴克咖啡，都可能是你這次的選擇。當發現孩子們先前扔在車上的薯條時，你搞不好還會覺得手中咖啡混雜了一絲薯條的油膩臭氣；而在此時你停車的附近，引擎聲相當獨特的哈雷（Harley-Davidson）重型機車正行駛而過，從車門邊你就能感受到其引擎的振動。這就是每日我們花在「消費信號」上的寫照；有時是上述的短短 90 秒，但有時充斥在我們清醒的 18 個小時裡──或者說整整六萬四千八百秒之中。

　　雖然負責「消費信號」的大腦像一隻貪吃的藍帶豬，但我們的長期記憶區卻像起個大早就得外拍的紙片人超模；你的感官會藉由「波動」或「振動」來消費這些信號，而你的大腦則會把這些信號，轉換成待處理的資料。在這過程中，絕大多數的信號都會在潛意識中**迷失**，只有少數信號可以成功**進入大腦的處理區**。你的大腦不會在真空狀態下消費這些信號，更不會在大腦認知中心處理這些信號前便做出判斷；雖然你的大腦每天都在消費信號，但在我們將探索的範疇中，單

就信號本身而言，其所能提供的貢獻是最少的，因為只有**正確的信號波**，才能成功建立「設計時刻」。

▶「時刻」就是一切
品牌活在記憶中

我們都知道親身體驗能刺激腦神經活動，而且像購買或使用產品等行為，都是腦神經活動下的結果；因此，**腦神經活動與行為結合，將會變成記憶，為品牌賦予生命**。隨著時空推移，身歷其境的多重感官體驗更有機會能創造出難忘時刻；而隨時間所增加的參與程度加深了這些記憶，便建立起長期習慣及強力品牌。此外，從大眾和品牌在時空下的互動，就能知曉大腦的內部運作。

雖然要全然瞭解人類腦神經活動，是截然不同且相當困難的領域，需要更多時間深入研究；不過我們現今對大腦瞭解程度更甚以往，而品牌產品體驗的重要性，也已是不爭的事實。

時至今日，大腦的完整運作機制，仍是個宏大的謎題；有人認為，這就跟我們無法瞭解整個宇宙運行一樣。當物理學家正使用望遠鏡，尋求宇宙的統一宏論時；神經學家也在透過大腦掃描和其他新工具，追求大腦的統一宏論。儘管我們對於這兩個領域仍有許多未解之謎，甚至許多人

首位腦神經學家？

大約 2500 年前，釋迦牟尼坐在菩提樹下，提出了一些腦神經學家們至今仍鑽研再三的深刻見解；其中之一，便是人類意識具備的五種能力：「判斷」、「感知」、「思考」、「衝動」和「識別」。

現今腦神經學家正在研究佛家僧侶的大腦；而佛家僧侶則是在研讀腦神經學家的研究，就連達賴喇嘛也是其中一員。然而，不論是僧侶還是腦神經學家，都發現了「情感」在人類意識佔據的首要地位，儘管過去西方啟蒙運動（Enlightment）試圖將理性視為真理，但現在我們都知道，「感性」才是第一順位。

思│維│實│驗

需要多久時間才能算出「品牌」在人們清醒的 18 個小時裡，
向你傳遞了多少信號？

認為，我們永遠不可能找到所有答案。在可觀察到的宇宙之中大約有一千億個星系，而人類大腦則有八百六十億個神經元；宇宙中有百分之九十四的組成，被我們稱為暗物質或暗能量，因為我們知道這些物質的確存在，但卻不知道那是什麼；而你目前正在體驗的意識，也是個神秘的謎題；由此可見，我們都往無法通盤瞭解的方向前進。

所以當「記憶」與「體驗」之間的關係，是與「品牌」和「品牌化」有所關聯時，我們就得好好把握所知的少量資訊、思考下列與大腦相關知識，好讓我們朝正確方向邁進。

▶ 記憶源自「體驗」
該為誰設計？

感官輸入（sensory input）是形成體驗的必要條件。早在我們還在媽媽的子宮時，就有了接收感官輸入的能力，所以當媽媽透過肚皮撫摸你時，你就一直在享受體驗了。儘管你可能不太能清楚 4 歲以前的任何體驗，但或許還是可以藉由某個物品或味道勾起你的內隱記憶（implicit memory）；而在你剛出生那幾年裡，你也貢獻了其他人的體驗，在這些過程裡，你為你的父母、祖父母，甚至是討人厭的姊姊，製造了外顯記憶（explicit memory）。然而，在我們更深入瞭解記憶之前，我們需要先定義「體驗」這個詞彙。

何謂「體驗」？以哲學角度來看，體驗是長時間下來，透過感知進行累積，再經由感官消費而被記住的想法和感受之聚合，至於體驗中最重要的環節則是時間、感官輸入和記憶能力。透過時刻或明顯難忘的經驗，都是可以形成體驗，但基於人對時間的感受可快可慢，所以時間本身是否有特別之處其實不太重要，反而是「時刻內」的想法和情緒才是關鍵，且透過體驗創造出的情感才會特別明顯。

請試著回想你近期經歷過的正面或負面體驗，並仔細思考該如何重新設計這些體驗。若你

能解構體驗，你就可以深入挖掘並設計出在時空內，有助於形成正面記憶的時刻。講到這裡，你可能會想知道，究竟有哪些體驗是經過刻意設計的？整體來說並不多，因為在過去，體驗並沒有獲得太多人的重視，不然就是只為設計者自身所設計。所以想要獲得成功，就得從「自我」到「他們」，最後再變成「我們」的角度來設計體驗。

用於保護零售高單價電子商品所使用的「雙泡殼包裝」，便是不良體驗的最好例證，這項包裝的設計時刻究竟是以何人為中心？除非你是剪刀手愛德華（Edward Scissorhands）本人，否則這項包裝根本不是為你設計的。雖然這項體驗設計還是以世上的某人作為中心；但這個人絕對是名小偷，而不是顧客。因為雙泡殼壓根是為了防止偷竊而設計的包裝形式！

再進一步瞭解這些時刻，便可知道正反效果了，就像判斷正、反物質那樣；不好意思，提出這個容易混淆的隱喻，但在一本與物理相關的書裡，我們實在忍不住如此舉例。在雙泡殼包裝案例的體驗時刻中，對你、小偷和地球造成反效果，但卻對品牌擁有者和管理者（製造商和零售商）帶來正面效果；然而截至目前為止，正因雙泡殼包裝裡的商品價值，提供了我們足夠的動力

來打開它，所以這也算是造就了剪刀銷量的成長吧。

當「時刻」能幫助建立正面的長期記憶時，對品牌價值就有加分效果，但說實在話，大腦中負責處理記憶的灰質相當搖擺不定，想要成功建立記憶並非易事；所以究竟要怎麼做，才能讓時刻發揮關鍵作用？（提示：答案就在你周圍。）

❯ 終極鑑賞家？
感官輸入形成「記憶」

超人（Superman）也會是一名超級味覺者（supertaster）嗎？鑑賞家之所以受人敬重，在於他們具有將消費昇華成一門高貴藝術的能力。對於一般人來說，得花上幾十年才學會如何賞味一瓶一千美元的葡萄酒，但對多數以超級味覺聞名的專業品酒師而言，這卻是輕而易舉的小事，因為在他們身上都具著一項特殊基因；而且在全世界人口中，只有百分之二十五的人擁有。這項特殊基因跟舌頭有關；跟其他人相比，這些超級味覺者的舌頭擁有較多某個特定類型的味蕾，而且能夠品嚐到某些食物裡的強烈苦味，這並不能代表他們口味上的喜好，只能表示他們具有超能力來識別特定味道。此外，由於這些超級味覺者比他人擁有更多的味蕾，因此在他們的大腦中，也有較大的灰質區負責處理味覺信號。

假設你有位大學室友，他的名字叫傑克（Jack），雖然你們有一樣的大腦，但他的感知線路（sensory wire）和你大相逕庭。根據估計顯示，每兩千人裡就會有一人具有「聯覺」（synesthesia；又作「共感覺」），這表示傑克有一個以上的感官處理路徑，負責處理同樣的感官資訊；譬如，當傑克聽到某個音域或產生某種感覺時，他也會同時看到顏色。整體來說，設計師會有較高的機率擁有這項聯覺。在瞭解這些之後，我們就能明白為何傑克在形容美國歌手亞倫·內維爾（Aaron Neville）時，會說他的音樂摻雜了許多紅色。

這類型的交叉感知（crossover perception）報告，已經透過功能性核磁共振成像（fMRI）證實了；像是為了回應特定聲音，視覺皮層中負責處理顏色的區域便會啟動。

至今科學家們仍繼續發掘人類感官上的差異（眼、耳、鼻、舌、皮膚），以及其通往大腦信號處理中心的路徑。雖然超級味覺者是源自基因上的差異，但透過學習，一般人其實也能增加感知能力，而這也可被視為腦部掃描特定感官處理區域的增厚過程。葡萄酒鑑賞家經由體驗學習來擴大味覺神經的路徑，媽媽也是透過觸覺來感受子宮內部一樣，這就是多數媽媽在懷第二胎時，都能在寶寶踢肚子前就先感受到；畢竟隨著歲月流逝，**我們都會演變**。

接著我們來聊聊老鼠。頭顱和交叉骨是全球通用且具高識別度的毒藥象徵符號，毋需鑑賞家或超級味覺者，就能避開貼有此標籤的物品，甚至非人類物種也做得到；因為就連實驗室老鼠都學得會辨識「標誌」來避開使自己不適的物品。由此可見，連老鼠也能接收品牌化信號。

隨著品牌擁有者尋求在我們腦中建立地位的方法，我們也在不斷進化，並且趕走這些不速之

思｜維｜實｜驗

若我們的人生能像電影一樣，隨時隨地倒帶重放，
那我們的行為會有什麼改變？

思｜維｜實｜驗

若要你為潛在客戶留下「第一印象」，為了與理想的「價值時刻」貼近，
你這一生會如何追求該目標？

客。試想一下，如果你可以進入別人的大腦裡，查看那個人所感知到的，那會怎麼樣呢？雖然這聽起來有點誇張或嚇人，但科學一直在快速進步，我們也正在加速提昇自我能力，所以這並非完全不可能。

大約在西元四百年前，醫學之父希波克拉底（Hippocrates）就提出了大腦理論：「我們可以特別透過大腦來思考、觀看、收聽和辨別美醜、好壞以及開不開心。」但直到 1949 年，人類對大腦細胞處理過程仍有許多不解之處，因此當時的心理學家唐納德・赫布（Donald Hebb）便提出一個假設機制，解釋神經元路徑是如何被修改，以幫助學習和建立記憶；到了現在，我們已不需根據己見對大腦進行臆測，便可直接透過腦中灰質來進行相關推論。

原先由工程師對近一萬種不同類型的神經元，是如何參與人類感官接收信號的處理過程提出一套見解，然而在科學家經歷好幾年「聽取」動物神經元回應刺激物後，這一切有了反轉。研究腦損傷患者、動物腦部實驗，以及研發診斷工具，如功能性核磁共振成像，皆有助於我們瞭解大腦特定處理區的物理位置。再加上對人類基因組位置及亞細胞機制（subcellular mechanisms）的深入瞭解，也讓我們對知覺、注意、學習和記憶於腦部的處理過程有了「全新」見解。最近科學家們也在名為光遺傳學（Optogenetics）的新學科上有了新發現，即是在基因中注入良性病毒，讓神經元對光產生反應，便可利用光纖來控制活體動物；你沒看錯，我們知道——你現在肯定嚇壞了。

1990 年代的人類基因體計畫（Human Genome Project，簡稱 HGP）破解了人類 DNA 的密碼，而歐洲的人腦計畫（Human Brain Project，簡稱 HBP）和美國使用先進創新神經技術腦部研究計畫（Brain Research through Advancing Innovative Neurotechnologies，簡稱 BRAIN）都不約而同地在 2013 這一年啟動；這兩個相似的計畫預定以 10 年努力，提出進一步

的大腦知識；此外，《麻省理工科技評論》（MIT Technology Review）雜誌也寫道：「隨著光遺傳學和其他科技的誕生，研究員首次能夠直接針對情緒、記憶和意識的根源進行研究。」然而大腦中需要被瞭解的部分，宛如科羅拉多大峽谷（Grand Canton）般，我們只是站在峽谷的最邊邊，現在才正準備往下方的深淵望上一眼而已。

當你把人類所有的基因差異，與我們還沒討論到的多種背景一併納入考量後，便會發現品牌將消費者之中的 18 到 34 歲女性歸為一類，實在過於簡單化。人類基因和背景的多樣性，實在多到令人驚豔；舉例來說，若要每個人放下這本書 2 分鐘，然後寫下三個他們正在思考的句子，一定不會有人寫出相同的句子。

❯ 為大腦量身打造
理解世界

儘管你懷疑拉斯維加斯的魔術師有點看穿了你的大腦，但你大概還是以為自身所見所聞和感覺到的便是真實世界；然而，科學家們現在卻認為，我們所認為的「真實」，其實都只是**虛構**出來的假象；因為根據人類的大腦藍圖，當我們面對有利生存的事物時，如果有機會運用資源，大腦就會選擇**走捷徑**。

舉例來說，人類感官處理被設計成對時間和空間的變化相當敏感；就視覺層面而言，視網膜神經具備**偵測變化**的特性，藉由二維圖像上的光線變化，就能讓物體的邊緣顯露無遺。而即時快速變化的邊緣也吸引了我們注意力，例如獅子、掉落的鋼琴或影像廣告看板；至於我們的「快速反應」則是天生內建的生存機制。

不過這個視覺系統的缺點就是：**如果沒有物體移動，視網膜神經就會停止運作**。神經元顯然都有注意力不足過動症（ADHD），而且很容易對穩定的視覺輸入感到無聊，因此我們的眼球才會一直抖動（**jittering**），以製造出微小的高頻率運動。如果有人幫你戴上一頂虛擬實境頭盔，將

影像移動與眼球運動同步時，你就會像午後陽光下的蝙蝠般，什麼也看不到；綜合以上原因，行銷人員才需要保持品牌的視覺刺激及新鮮感。

同樣地，我們的雙眼也會被低頻率運動給矇騙，像是影片中的背景事物緩慢改變，往往會被我們忽視，並且形成一種視錯覺（optical illusion）。不過人們之所以無法察覺螢幕上緩慢的變化，這可能是**進化後**的結果；畢竟緩慢行進的蝸牛不太可能具有威脅性。只是從這層意義來看，我們其實就像待在逐漸加熱的水中青蛙；以品牌術語來說，這種現象就叫「最不顯著的變化」。舉例來說，日常生活中的糖果和漢堡，都在沒有人注意到的情況下漸漸縮水，直到有人把它拿來跟先前做對比後才有所驚覺。

眼睛每一百個受器（receptor）中，只有一個神經元能穿過視神經抵達大腦，這也就表示視網膜路徑必須**編輯視覺資訊**來傳遞重要之物；因此，在這些編輯過程中，眼睛「看到」的資訊，其實多於「傳達」到大腦的資訊。一旦資訊抵達大腦，許多其他處理程序隨之啟動；接著你的大**腦會建立一個外在真實世界的內部模型**。我們並不是「直接觀看」外部世界，而且我們也會因為信仰條件、欲望和記憶，影響自身對所見所聞的詮釋，所以我們看到的並非世界真實的面貌，而是我們**看待**世界的模樣。

較低階的視覺處理會將訊息打包成一個個基本元素，像是顏色、對比、方向和移動，好讓這些元素進入到中階處理的流程當中；而中階處理會負責辨別物體的表面及前後兩面；高階處理則是將物體和記憶配對，以進行物體的辨認、釐清前後關係、指導移動和學習，並喚起相關回憶。眼睛與大腦間的運作方式，有助於我們瞭解大眾能最快辨識的字體大小及近期的流行時尚。沒錯，神經學家就是在研究這些，而品牌記憶就是將我們**正在體驗**與**過去體驗**的連結成果。

在處理這些資訊的過程中，我們會先根據感官資料建立最**初始**的詮釋，再藉由預測來補齊遺漏掉之處，以形成一個最終的心智表徵（mental representation），其中的經典案例就是：當我們有盲點時，**大腦會自行對此進行臆測**；不過我們沒有意識到自身感官資訊不完整，因此這便會帶給我們錯誤的確定感，也可能因此而更有安全感也說不定；難怪目擊者對犯罪現場的描述常常都是錯誤的。對品牌而言，這似乎也在暗示你：其實不需要說出整個故事，只要挑重點講就好。

科學家和哲學家們都曾認為，人類會結合所有細節來精確形成影像；然而，德國哲學家伊曼努爾‧康德（Immanuel Kant）的完形心理學（Gestalt psychology）卻提出相反的主張：人們其實是以**經驗數據**來判定知覺；也就是由**部分事實**及**部分預測**而來。神經學家查爾斯‧吉爾伯特（Charles Gilbert）也認為：「大腦是根據過去經驗來推測呈現在眼前的景象……現代的觀點是，**『知覺』**是個主動且富有創造性的過程，其中涉及的不僅僅是視網膜所提供的訊息而已。」在你以為「創意」是設計師的專屬才能時，即代表過去嬉皮服用迷幻藥（LSD）也不應被視為錯誤行為；因為：**知覺即事實**。

科學家暨諾貝爾獎得主丹尼爾‧康納曼（Daniel Kahneman）、神經學家大衛‧伊格門（David Eagleman）和其他學者，針對我們的錯誤知覺所做出的研究都解釋了，大腦在處理知覺時，會從**潛意識**進行最初評估，這顯然是為了有效地利用人們**意識**中的注意力；當明顯衝突出現時，我們才會透過意識來處理這些意外事件。不過像「視錯覺」這類型的錯誤，就連我們有意識地關注都無法輕易被解決；因此可證：**所有理解，也都只是片段而已**。

◯ 為所有事物添加色彩
法國品牌特藝彩色（Technicolor）的經驗

我們在生活中學到的每件事，都是透過自身「感官」和「意識內容」習得而來。現在就讓我們來探索部分品牌體驗所帶來的感官衝擊吧！或許在這之中，我們還能套用一些神經學的新發

思│維│實│驗

在登機時播放平和寧靜的音樂，
能帶來什麼樣的登機體驗？

現。

我們所有能力都來自感官；有了感官，我們才能以某種特定形式，來提昇或過濾本身可消費的事物。感官就是我們通往外界的大門，所以就讓我們來檢視這些感官吧！

▶「追龍」
人生最美是初次相見

雖然這聽起來有些瘋狂，但在「吸食海洛因」這個次文化的範疇，跟品牌教學竟然有些關聯；在英文俚語中，「追龍」（Chasing the Dragon；吸食海洛因）被用來描述某些人終其一生，腦神經都在追求最高多巴胺的狀態；儘管我們對圍繞這句俚語裡的文化有著不良觀感，但還是可以重新調整其意義。比起許多的普通時刻，透過體驗品牌的第一時刻或最佳時刻，反而更容易建立品牌意義；這就是為什麼我們會認為在品牌體驗中，應盡早且時常留心於「設計時刻」——也就是精心設計出來的那一刻。因為我們的感官就是知覺的大門，**亦即連結心智的通道。**

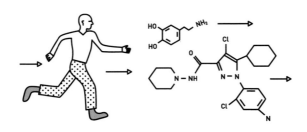

▶ 眼見為憑
我們的視覺感官

雙眼是通往知覺的路徑，而你現在也知道，知覺就是內在的真實世界。在人體所有的感官知覺（sensory perception）中，視覺至少占據了百分之二十的比例，儘管視覺感官是全身最容易遭受伎倆矇騙；但比起人體的其他感官，**大腦仍舊**投入較多處理能力在視覺感官上。我們先前已經瞭解到，雙眼會大量編輯輸入的感官資料，且我們也會基於信仰和欲望，來對所見事物做出詮釋。

即使從人類的社會性層面而論，我們都明白眼睛並不完美；但還是會花費辛苦賺來的金錢，去體驗被愚弄的感覺，甚至還有靠著愚弄你雙眼來賺錢的職業——視覺特效師。我們的雙眼可能是最早進行消費，卻也是最先遭到質疑的感官器官；甚至還有專家研究人類如何覺察顏色和人臉，以及在心理視覺影像中人們比較容易記得哪些事情。我們會「有中生無」——對不常見的事件不經意遺漏；也可能會「無中生有」——看見未發生的事；人們總說眼見為憑，但所謂的「人們」到底是指誰？而你真的相信他們嗎？

我們也會利用視覺來消費訊息，並在閱讀訊息之前先做出判斷，這也是「視覺語言」或「符號」（symbol）等詞彙的由來。文字和圖片都是種符號，而視覺溝通和判斷，都是在閱讀訊息之前就發生了；這些透過我們生活中的案例就知道：當孩子在學會閱讀前，便能辨識、記住品牌，並向大人複誦名稱。這就表示，視覺符號（visual symbol）應與書面或口說語言保持一致，因為在進行視覺溝通時，雖然顧客不見得能清楚說出差異，但憑藉著直覺還是會有所發現，因此透過視覺和言語上的一致性，便能看出一貫的品牌品質。

至於品牌盲目症（brand blindness）則是另一項視覺上的挑戰。在我們日常生活之中，有些品牌無所不在，以至於我們無視它們的存在；品牌律師將其歸類為「超級品牌」，這些品牌擁有完全不需提示的知名度，就能讓社會大眾在毫無意識下使用這些品牌產品。這些品牌總是出現在我們的日常生活中，而我們也以忠誠模式持續消費它，但卻不會再對其有所關注，可口可樂就是一例。當他們隨機採訪準備離開可口可樂設立於美國亞特蘭大（Atlanta）運動場的球迷：「你知道這場活動的主要贊助商是誰嗎？」發現只有極

少數球迷注意到可口可樂這個品牌。可口可樂這個品牌就像張貼在極度雜亂房間裡的一張壁紙，被其他不斷轟炸觀眾的訊息所淹沒；這也就解釋了為何可口可樂這類型的品牌，需要不斷追求新意圖和新關聯。

熟悉足以滋養冷漠，所以有時大品牌得打破它在我們腦中建立的印象，但同時不能破壞它在我們心裡保有的完美形象。

品牌盲目對於試圖跨越文化和語言障礙的全球性品牌影響甚鉅。我們總說「人們不再閱讀了」，卻發展出圍繞著「內容才是王道」的運動，以及以「內容行銷」作為現代手法來吸引「消費者」的概念。儘管這兩件事看似南轅北轍，但其實只要仔細觀察，還是能發現共同點；我們在此提供一個比較方式來幫助釐清其中差異。

17 世紀英國男性終其一生所汲取到的資訊量，可能就跟現今《紐約時報》（*New York Times*）一日所提供的一樣多，只是在當今社會中，鮮少有人會把整份報紙完整地讀完。試想一下，跟 17 世紀的古人比起來，我們一生中閱讀了多少東西？實際上，現代人的閱讀量更甚以往，只是我們比以前擁有**更多選擇**罷了。在古騰堡（Gutenberg）發明活字印刷術前，能夠閱讀的資料和閱讀能力都相當有限；如今我們卻擁有太過充裕的資料可讀，因此在選擇閱讀文字時，

我們都會相當謹慎。對了，謝謝你們選擇閱讀這行文字，我們感激不盡。

人們總說眼見為憑，但所謂的「人們」到底是指誰？而你真的相信他們嗎？

▶ 美麗並非眼中刺
活在真、善、美裡

從我們睜開雙眼的瞬間，便被周遭的美麗事物吸引，這是眾所皆知的事情；只不過我們對其中所使用的「審美標準」不甚瞭解；其實你我周遭的事物都在使用審美標準，只是我們不知其背後的計算方式罷了。回顧希臘歷史，亞里斯多德（Aristotle）認為可以靠美學、真理、道德（beauty, truth, and morality）來完成勸說；而被世人認定為發明音階的前衛思想家畢達哥拉斯（Pythagoras），則率先將音樂之美與數理邏輯結合；至於蘇格拉底（Socrates），倘若他長得好看些，搞不好就不會因堅守真理而被迫服毒。

這些希臘博學之人也都偶然發現了審美的數學公式，此公式稱為中庸之道（golden mean）、黃金比例或費波那契數（Fibonacci Sequence），若用希臘字母來表示，那就是"phi"，其比例為 1.618：1。有人說帕德嫩神廟（Parthenon）就是根據這項比例建構而成，且至今仍有設計師以此作為設計準則。這個黃金比例已被證實為最理想的審美比例，令人驚豔的是，多數建築、圖像、產品和廣告設計中，都包含了這項比例。即便我們不見得隨處看見美麗之人，但以**數學公式**呈現的美麗事物卻時時刻刻映入我們的眼簾中；所以你雙眼消費過的美麗，早就遠超出一場時裝秀上所看到的了。

❯ 嘿！你聽見了嗎？

我們的「聽覺感官」

我們**聽得很多**，卻也**少聽**了。一方面是其他感官總在要求關注，所以我們腦中也始終存在著其他感官發出的呼聲；另一方面是，透過語言來建立共同意義是項挑戰，這不太容易達成，畢竟每個字都出自你的想像，並代表了聽覺信號；而且你也會在時空內，依據當前環境語言進行詮釋。如果到這邊你都還能理解，那我們就接著往不可思議的聽覺機制深入探索吧！

從物理學的角度來看，聲音其實是種「振動」──透過壓力形成的機械波，就像大海中的海浪；然而，就生理層面而言，我們是透過耳朵和其他身體部位在**消費聲音**。當我們說一首歌曲「觸動人心」時，事實上它也真的透過物理方式（聲音波動）觸碰我們；這種與觸覺之間的互動關係，正是聲音有助於建立情感連結的部分原因；想想看在龐克搖滾演唱會上，你站在最前面搖滾區的感覺就能明白了。

根據幾個實驗結果顯示，若在電影轉換場景時修改了背景音樂，整個場景轉換模式也會跟著改變，並對觀眾的情感狀態造成深遠影響。就算許多品牌擁有者承認，聲音的重要性僅次於視覺，但真相卻遠不止於此；品牌在**運用聽覺**的同時，其實也在**使用觸覺**，也正因如此，我們才會

無法把將人類五個感官**清楚區分**開來（之後會進一步解釋觸覺），這些感官不但彼此混合，其方式我們至今仍未完全瞭解。如果你已經身處在行銷相關產業之中，同時你也認為在進行感官融合時，聲音扮演了很重要的角色，那麼你最先想到的可能會是收音機、廣播媒體或網路影片；但在現今的數位世界裡，這些根本不足以拿來與其他媒體匹敵。

聲音對我們的品牌體驗產生了相當深遠的影響，就拿現今本地餐廳與 50 年前的相比，會發現以前餐廳的基本配備還包括了杜絕噪音，多數有名餐廳都會保持安靜，好讓客人們相互交談。以前的餐廳是**被看到**，而非被聽到的；然而，現在的餐廳如果太過沉悶安靜，似乎是在無聲訴說著這間餐廳不受歡迎。試著在你居住的城市裡，找間最有名的餐廳，並嘗試在那裡**安靜地交談**，你就會明白我們的意思了。聲音不但不敏銳，而且在衡量品牌的社會知名度時也不是個顯著指標；必須將聲音與觸覺好好連結才行。譬如許多餐廳都會播放節奏快速的音樂，透過加速心跳來製造焦慮感來提升翻桌率。

❯ 沉默之美

聽聽更多例子

為了要真正探討聲音，我們需要你先進行一個小試驗──仔細聆聽安靜的聲音。請在你鄰近地區裡找個最繁忙的位置，到那裡之後閉上你的雙眼；當然，你得先讀完這個句子後再閉上雙眼，接著數到六十。

你聽到了什麼？把你聽到的聲音一一列出，或者對著自己把它們說出來，並且盡可能詳細地描述。你能從聽到的聲音中，辨別出任何品牌嗎？現在想像一下，你有一整天的時間聆聽所有出現在你生活中的聲音，你最常接觸到聲音的地方是哪裡？什麼聲音是你幾乎每天都會聽到的？你可以單靠聲音辨別出任何品牌嗎？有些品牌擁有者早就認為這是有可能的，並將此視為值得追

求商標專利保護的範圍。

以下我們列出了幾個例子；有些很常見，有些稍微陌生了點。

+ 英特爾公司（Intel）持有某個聲音的商標權。若你過去 **10 年**裡曾收看電視廣告，那很可能聽過這個聲音。基於英特爾是負責製造其他科技產品的零件製造品牌，為了不讓自身被侷限在名為「電腦」的米黃色方盒裡面，所以當時該品牌尋求其他感官衝擊，這非常符合邏輯。
+ **Apple** 公司也有自身的聲音商標，那就是 **Mac** 電腦的開機聲。對許多 **Apple** 用戶來說，對這個聲音留下的印象，可能比英特爾公司於廣告中播送的聲音來得深刻；此外，**Apple** 公司也擁有飛航模式圖示的專利權，而當手機發送電子郵件時所發出的獨特飛梭聲響，也一併包含在這項專利中。
+ 過去哈雷集團也試圖為其引擎聲申請商標權，但卻受到其他所有機車品牌的阻撓而沒能成功。樂高集團（Lego）也曾試圖申請聲音商標，來保護其積木拼組時發出的啪答聲，但同樣沒能成功獲得法律保護。

上述這些例子提供我們一個觀點，那便是讓我們瞭解到未來什麼東西可能會對品牌相當重要。很多地方都可聽到與品牌相關的聲音，而品牌團隊也慢慢意識到保護具獨特性聲音的重要性。

以文化層面來看，這是否代表我們會看到更多以聲音來設計品牌體驗的例子呢？答案是「有可能」。因為與視覺相比，要關閉聽覺總是相對困難，畢竟你到哪裡都能閉上眼睛、關閉視覺輸入。實際上，聲音不但能**進入**你的身體，還可以**碰觸**到你，這也使得品牌擁有者可藉此製造出龐大的情感衝擊。雖然許多品牌不認為聲音是體驗的一部分，但隨著大家對聲音所帶來的影響有更深入的認識，就會有越多人接納這項觀點。

進入並碰觸人類身體
我們的「觸覺感官」

「觸覺」是在五感中最容易被忽視，但在我們生命中卻具有不可或缺的地位。許多組織內部的產品設計團隊（碰觸實際產品）和銷售團隊（握手和拍拍背）都不該小看這個感官。我們的皮膚主導的觸覺，是在**感官互動**中最大的器官，且占了身體約一點九五平方公尺的面積。不論是躺在床上、坐在椅子上，還是簡單的握手，觸覺一向都是高度個人化的感官；若你願意跨越阻礙，或專為觸覺精心設計一個機會，那麼觸覺也能讓個人與品牌產生緊密的關係。

就在過去大約 10 年裡，飯店業已經意識到床墊和枕頭對尊貴商務旅客至關重要；如果你很好奇為什麼要到西元兩千年才理解這點，其實我們也很納悶。旅客若能好好睡上一覺，便能產生美好的飯店體驗；根據研究顯示，對於經常旅行的旅客而言，床鋪品質是他們選擇下榻哪間飯店的首要考量。如果你是商務旅客，你就會明白變換枕頭、床墊及周遭聲音，都是幫助或阻礙睡眠的關鍵；而且在這項體驗過程中所產生的觸覺感受，不但能為旅客帶來良好的睡眠品質，還能發展出高忠誠度。根據《飯店管理團隊部落格》（*Hotel Managers Group Blog*）表示，「飯店只要改善顧客體驗，就更有機會吸引並保持顧客的忠誠度；比起免費又普通的自助式早餐，旅客們更在乎的是：良好舒適的床墊以及精選的亞麻製品。」

▶ 將「設計」與「環境科學」結合
美則居家設計

　　早在大眾知道環保清潔劑也有良好清潔力之前，艾瑞克‧萊恩和亞當‧勞瑞（Adam Lowry）已經在舊金山成立了「美則」這個品牌，其旗下產品的成分，都是生物可分解且無毒的天然物質，包括家用清潔劑、洗衣用品、個人照護用品和肥皂。萊恩表示：「2001 年時，環保清潔劑的評價簡直糟透了，大眾還普遍認為環保產品根本沒有清潔力。」因此我們要在此對《石板》（Slate Magazine）雜誌和萊恩表示感謝。

　　美則在廣告方面所下的功夫，比政治人物的競選宣傳更具規模；甚至廣納了諸多具有好幾百年併購歷史品牌的既有策略（寶僑、嬌生〔Johnson & Johnson, Clorox〕）。此外，美則團隊的作風相當大膽，但也確實發現了更好的清潔方法和經營模式。

　　萊恩和勞瑞這二位終生摯友，在創立美則時便面對了兩大挑戰：重新定義清潔用品類別，以及證明環保清潔用品的功效。勞瑞畢業於化學工程系，並有環境科學背景，因此他研發配製出無毒且生物可分解的碗盤清潔劑，以及一系列多功能清潔用品；而萊恩曾任職於 GAP、法隆（Fallon）和鈦星（Saturn）等公司，對設計獨具慧眼，於是便負責構思時尚高雅的容器；至於聘請來的工業設計師凱瑞姆‧瑞席（Karim Roshid），則幫助了美則與塔吉特百貨達成分銷協議，讓大眾能在塔吉特百貨找到美則特有的水滴罐洗手乳。此外，萊恩也提出了「人們拒絕骯髒」（People Against Dirty），作為美則推動清潔用品改革運動的標語。

　　這個為了建立品牌所推動的運動，證明了綠色企業是有可能獲利的，而且只需要倚靠極少量的傳統廣告便能辦到。美則也在 2006 年時，以第七名之姿被美國《企業》（Inc.）雜誌列入快速成長的私人企業名單當中；同時在現今市場上，也開始出現一些同類型的企業。

美則的設計概念，就是希望能從商品架中脫穎而出，讓顧客將此商品當作浴室置物架上的裝飾物。而這個以設計導向的品牌已找到時機，向獨具慧眼的目標買家提供兼顧設計感、優質清潔能力和生物可分解的產品。當塔吉特百貨幫助該品牌團隊打進大眾市場後，人們會開始使用此產品來清潔雙手與房子了。

最近美則已將目標設定在重新研發洗衣清潔劑，並推出了可透過抽水機輸送的可分解三倍濃縮清潔劑配方，且該抽水口能幫助大眾在高效能洗衣機中倒入適量的清潔劑，這項設計也使得美則贏得了《好管家》（*Good Housekeeping*）雜誌所頒發的傑出創新產品獎（Very Innovative Product award）。此外，萊恩和勞瑞也致力於將美則這個品牌，打造成盡可能使用無毒及當地材料的品牌，不管是在製造、包裝，還是分送過程，皆是如此，而且他們也希望運送產品的卡車是使用生質柴油（biodiesel fueled），藉此來愛護地球。

為了成功建立品牌，美則提供了多重感官體驗，並採取獨特的市場路線。現在就讓我們來看看在洗手乳市場上，美則的主要對手吧！Softsoap 是高露潔棕欖公司（Colgate-Palmolive）旗下的品牌，其設計目的著重在零售市場的大量銷售，對於洗手乳瓶罐應擺在家中何處，Softsoap 並未多做著墨；然而美則的水滴罐洗手乳，則是設計來完美放置於經心打造的廁所之中；在商品陳列時，美則產品的外型設計視覺感強烈，更是將自身與塔吉特百貨眾多同質性商品區隔開來。

這類設計的誕生絕非偶然，美則的「設計思維」是用來瞭解大眾與清潔用品之間的關係。這種站在他人立場思考的方式，與優先考量銷售環境（以塔吉特百貨為例）是截然不同的。美則採用的策略不但在視覺上足以吸引塔吉特百貨的顧客購買，對於到朋友家做客的消費者而言（社群），這也是個迷人設計。再加上美則的獨特氣味，能將自身與他牌產品區分開來，以及容器握在手裡的觸感，這些都是萊恩和勞瑞設計出來的多重感官體驗時刻。或許在你去朋友家拜訪，在朋友家主要樓層的廁所內第一次看到擺著美則水滴罐洗手乳前，你早已擁有過這項多重感官體驗時刻了。

這些所做的一切努力，創造出社會分享的故事、帶來美好感受、贏得媒體報導，以及贏得忠誠度的產品體驗等等，透過美則的案例足以顯示：**目的比推銷更重要**。

你上次被感動是什麼時候？不記得了！？

結論

儘管我們對於人類大腦內部其他結構不甚瞭解，但界於我們完全知情和完全未知之間的那條線，已經慢慢消失了。光是遺傳學的進步和其他研究方法的誕生，加上腦部研究計畫的資金湧入，都能擴大我們對透過感官輸入形成記憶的理解；而這與品牌建立和管理有直接關聯：

1 大腦會過濾許多我們每天接收到的信號,且不會以相同方式來處理它們,而這些信號絕大多數都被我們忽略。

2 每個人對接收到的信號都會有不同的反應,特別是那些超級味覺者,不過對於環境中的信號被更改,倒是人人都會注意到;此外,標誌和具識別性的符號,都有助於我們更快速處理品牌信號。

3 每個感官都能幫助建立品牌知名度,其中又以「視覺」和「聽覺」最常見,但透過觸覺、嗅覺和味覺可留下較長久的印象。

4 基於個人感官知覺上的差異,每個人的品牌選擇也大不相同;因此,至少就部分而言,「市場區隔」就是找出大腦功能運作相同的群體之過程。

06

時刻 ＋ 記憶

MOMENTS ＋ MEMORY

時刻和記憶……時刻和記憶……時刻和記憶 —— 把這兩個詞彙重複念十遍，牢記兩者的關聯性並創造品牌。切記：一定要為品牌建立時刻，讓信號深深地印在大眾的大腦中。現在你將開始探索「類型」與「形式」的記憶，並瞭解大腦是如何儲存記憶；透過本章節，你會對許多艱辛的學習路徑有更深的認識，並且搞懂如銀河般的大腦，是如何儲存和包覆長期記憶。然而，如果你覺得學習記憶是如何被儲存根本不成問題，那麼你還會學到有關記憶半衰期的知識，這可能使你納悶，為什麼還會有人接受挑戰，把品牌建立放在第一要位？不過你終究會明白：這是項值得投資的標的，因為你得到的報酬，將遠遠超過付出的辛勞。

⊙ 烙印感官信號
一切都與時刻和記憶有關

透過前面章節的解說，我們已經瞭解到：人們每天都快被感官信號給淹沒，然而絕大多數的信號卻從未進到大腦之中；即便如此你的大腦也會捏造一個虛構世界，藉此對應外部的現實世界。所以接下來的大問題就是：「品牌如何創造記憶？」我們的答案是：你得在時空內建立強烈情感和刺激多種感官的時刻；雖然不見得人人都會十分欣賞你的品牌時刻，但沒關係。只要喜歡你的人，多過於討厭你的人就夠了。

記憶會在神經元內建立與衰退，因此這個內部空間便成了各大品牌的兵家必爭之地。隨著我們越瞭解神經元，就越能學到神經元運作是可預測的，只是我們自己難以測量而已。這項論證也導致許多哲學家，包括丹尼爾·丹尼特（Daniel Dennett）在內，歸結出「自由意志有其限制」的結論；不過強硬的決定論者仍舊認為：人類的所有行為，也不過就是連鎖反應下的因果關係。現在，透過以上這些觀點便足以解釋：為何某些品牌能夠破解密碼，並以正確的信號嵌進我們的記憶。如果本段落讓你開始陷入電影《駭客任務》（The Matrix）情節的幻覺；別擔心，請服下藍色小藥丸：保持現狀。

根據估計，每個人的大腦約有八百六十億個神經元，由「每一」神經元延伸出去，與其他神經元連結的通道，都超過一萬條。所以假設有個神經元（我們姑且稱為鮑伯〔Bob〕）開通了自己的 Facebook 帳號，那麼如果用最淺白的比喻方式，那就是：鮑伯在整個地球那麼多人當中，就只跟另外兩個神經元互不相連（當然也連結到了凱文貝肯〔Kevin Bacon〕[11]）。「品牌能量」生活在儲存記憶的灰質區，並由白質連結腦中不同區域的記憶和想法；白質就像連結兩個縣市的高速公路；而在灰質全區通行的，就是縣市等級的一般道路。

慶幸的是，你只要成功建造一條耐用的長期記憶通道，以供大眾回憶即可；更棒的是，你不需要孤注一擲。因為多重感官體驗會建造出多條記憶通道，不但能增加發展成長期記憶的機會，還能強化彼此，勾起更強烈的回憶。

上述這些腦科學能幫助你瞭解「品牌」在大腦中的運作方式，但千萬別忘了，學習科學就像打開俄羅斯娃娃一樣，每個解答都會引出另一個複雜問題，永無止境，而我們也永遠不可能對科學有通盤的瞭解。然而，就像美國西南航空（Southwest Airlines）的執行長賀伯·凱勒赫（Herb Kelleher）所說的：「我們當然有策略，這個策略就叫『永不停止』」，這樣的哲學觀似乎為凱勒赫本身和西南航空帶來了不少成效；所以現在就讓我們繼續向前邁進，看看品牌時刻轉變成長期記憶的過程吧！

⊙ 被你遺忘的快閃記憶
記憶的類型與處理方式

記憶分為多種類型，各自存於腦中不同區域，彼此之間全靠白質來連結；而且這些記憶都可以獨立運作，或與其他記憶發展合作關係，必要時也能彼此互動。舉例來說：一名剛開始學打高爾夫球的新手，會以「有意識」的狀態專注在每個步驟上，並緊緊遵循教練的指示好好揮出第一桿。這種按部就班的指示會先以外顯記憶（有意識）存放在腦裡；在之後透過重複揮桿的動作，慢慢發展成內隱（無意識）的肌肉記憶。最後，經驗豐富的高爾夫球手身上只會留下內隱記憶，並再也跟意識毫無關係，而且在這種狀態

---

11. 此處引用有名的「六度分隔理論」開了個玩笑：1994 年克雷格·法斯（Craig Fass）、布萊恩·塔特爾（Brian Turtle）、麥可·吉納利和（Mike Ginelli）將此抽象概念轉為一個稱作「凱文貝肯的六度分隔」的遊戲。其目標就是誰能從最短的連結中，找出某個演員與凱文貝肯共同演出的關係。（例如甲演員和乙演員共演過 A 電影，而乙演員又和凱文貝肯演過 B 電影，甲演員和凱文貝肯的連結就達成。）由此可見凱文貝肯是「強連結」的代名詞；也像神經元那樣，是綿密網路中不可忽視的一份子。

下，想太多反而無法好好揮桿。

每種類型的記憶處理都包含編碼、儲存、合併與檢索；儘管每種類型的記憶都能獨立處理這套過程；但上述例子也說明了：在編碼和檢索記憶的過程裡，**不同類型的記憶彼此合作可帶來好處**；因此隨著時間推進下，打造多重感官體驗也比較容易建立出強力品牌；而且當購買行為最終發展成內隱的習慣後，就更不容易被打破。

> 親愛的，來畫張床吧！

外顯記憶

外顯記憶又稱「有意識記憶」，並可分為**情節和語意**。「情節記憶」（episodic memory）是我們生命中發生事件的記憶，與「自我」最為相關，並讓多數人認為這就是自身的回憶；而「語意記憶」（semantic memory）則源自我們有意識之下，進行識別的事物和事實；並經由長時間，以自身情節體驗集結而成的抽象概念（又稱為「迷因」[12]）。以床的概念為例，從剛出生用的嬰兒床到兒童床、父母親的床、水床、大學宿舍的床，最後到公寓的床，或者是可調式氣墊床──人人各自有自身對「床」的通用概念。

如果有人要求我們想想看床的樣子，比起回想當天早晨醒來時所躺的「我的床」，我們反而較快地從**語意記憶**中檢索「床」的概念；而且當我們被要求畫出「我的床」時，我們可能會從床頭板這類的細節開始畫起，最後還是會畫出**語意記憶中的「床腳」**，唯有更進一步要求下，我們才可能畫出「我的床」的床腳細節。由此可見，當我們擁有越多某個物品眾多範本的記憶時，我們所能回想起的就越不具體；所以當越多企業投入某個產業或領域時，大眾就越難從記憶中辨別品牌。

---

12. meme；於 1979 年由理查・道金斯（Richard Dawkins）在《自私的基因》（*The Selfish Gene*）中創立的詞彙，意指文化傳播過程裡的演化型態。

> 縫合什麼？

儲存時刻

身為品牌擁有者，你會希望大眾透過語意記憶還是情節記憶來想起你的產品？你覺得舒潔（Kleenex）這個詞彙儲存在大腦的哪個區域？如果舒潔代表某個產品類別，那麼舒潔所形成的便是語意記憶；且是獨立零售市場上，大眾會第一個想起的品牌（如果你毫不顧慮受商標法保護所延伸的權利，就能在大眾心中占有這等地位，這其實還不賴）；然而，如果舒潔這個品牌，是以媽媽總是購買的品牌之身分存在於情節記憶，那可能需要花較多時間來檢索記憶，不過這種記憶也具有較強效的保護性。

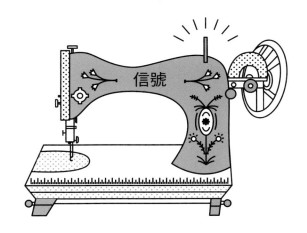

物極必反的道理也適用於品牌上。在我們生活中總少不了各種諷刺的案例，問問那些在推出品牌不久後，便失去品牌使用權的公司就知道，像是：溜溜球、阿斯匹靈、玻璃紙、保溫瓶、電扶梯、乾冰、彈躍翻騰器，以及曾代表所有辭典的**韋氏辭典（Webster）**等品牌，都有過這類經驗。

1896 年是勝家縫紉機（Singer sewing machine）上市 50 週年，當時該品牌紅遍大街小巷，眾人都將「勝家」這個詞彙視為家用縫紉機的代名詞，就連競爭對手也用這個詞彙來為自家產品型號命名（「六月勝家」〔June Singer〕）。

語意記憶和情節記憶

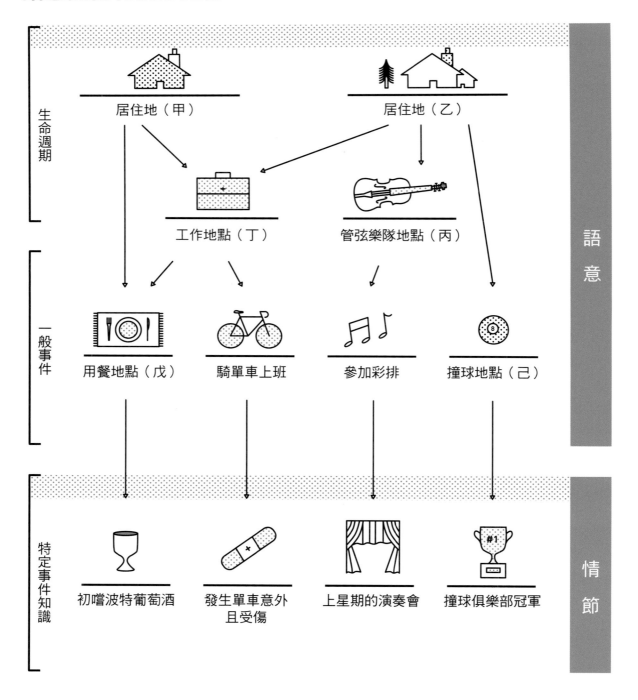

在長時間下，由重複體驗所形成的「情節記憶」會累積成為「語意記憶」；只有特別突出的時刻，會持續
以獨特的情節記憶形式儲存在大腦中。（本圖表改自約翰・維蘭德〔Johan Willander〕在 2007 年於瑞典斯
德哥爾摩大學〔Stockholm University〕發表之博士論文。）

因此，美國最高法院（The U.S. Supreme Court）裁定，「勝家」為通用術語，這使得勝家縫紉機製造公司（Singer Manufacturing Company）失去了自身品牌的獨家使用權。再經過半個世紀後，美國第五巡迴上訴法院（The U.S. Fifth Circuit Court of Appeals）決議，讓勝家製造公司重拾其品牌名的獨家使用權；起因是當時的人們又開始使用「勝家縫紉機製造公司」[13] 之名來販售產品。不幸的是，當時已經沒什麼人在用縫紉機了；因此對勝家而言，重拾品牌使用權就像被賞了一顆泡泡糖一樣，沒什麼作用。**大眾感知會形成記憶，並且決定品牌擁有者的權利**；因此品牌擁有者能做的就只有指引、改善和保護這些記憶而已。

現今 Google 這個品牌好似犯下國際戰爭罪一般，其品牌使用權在智慧財產法庭上不斷遭受挑戰。根據富比士（Forbes）估計，Google 的品牌價值高達六百六十億美元，為全球第三大最有價值的品牌，僅次於 Apple 和微軟。雖然截至目前為止，Google 都在法庭上成功保住了品牌使用權，但還是得像舒潔和全錄公司（Xerox）一樣，時時保持警戒，經常與律師聯繫，以維護自身成功打造品牌後所握有的全數利益。Google 的品牌擁有者也在 2015 年 8 月將公司名稱由 Google 改為 Alphabet，藉此更進一步保護 Google 的品牌使用權。

雖然以下的思維實驗確實有點形而上，卻仍值得我們好好思考一番：假設你的品牌是以「床就是床」的語意記憶儲存在大眾的腦海裡，沒有任何獨特之處；而你再以低價策略或隨機選取使大眾可能購買你的產品，如此一來你的品牌就不太可能將利潤極大化。因為一旦產品缺少附帶的顧客效用（customer utility），你的品牌就只會擁有最小限度的潛在價值。

如果有一群人是基於感官因素，略過他牌而選擇了你的品牌；那你應該會發現這群人（或他們可能會發現你）。你可以透過免費試用、精美包裝或設計出體驗時刻來提供顧客體驗，增加建立情節記憶的機率。然而，如果你是想藉由全國性的品牌廣告來發表品牌、建立外顯記憶，那要發展長期記憶的機率就很低了，甚至連拉斯維加斯的賭場都不太好意思向你收取廣告費呢！萬一這個方法還真的成功促成銷售，那你真的是頭號幸運兒啊！

❯ 「外顯」的形成時間
工作記憶與外顯記憶

外顯記憶是由工作記憶發展而成，而工作記憶則位於大腦的前額葉皮質。前額葉皮質是人類大腦中，最新且最人性化的演化；而且在本章節裡，我們腦中這區域的運作可能會被拿來好好鍛鍊一下。雖然前額葉皮質的好處很多，但它卻容易因壓力而動力不足、分心和衰弱。

工作記憶包含多個特殊神經元，需要一段時間才能**轉變**成較穩定的記憶；當我們接收到新刺激物時，工作記憶就會轉移注意力，跑去處理新資訊。試想一下彈奏管風琴和鋼琴的差別：當你持續按著管風琴鍵不放，琴聲不會停止，直到你把手指從琴鍵上移開；然而，當你在彈鋼琴時，儘管壓著琴鍵不放，聲音還是會隨著時間過去而逐漸減弱消失。**工作記憶的運作，就像按壓管風琴鍵；長期記憶的神經元，則有如鋼琴鍵一般。**

現在我們先舉例來說明工作記憶。假設某人告訴你他的推特帳號，但你卻在資訊轉換成長期記憶前，因為手腕上 Apple Watch 的訊息震動聲而分心，那麼這個人的推特帳號就會被你徹底遺忘。而且身處在當今社會，我們都知道要使人分心根本無須太大騷動；所以如果有位服務生在不需紙筆寫下你點的餐點還能正確出餐，你應該給他高出百分之十五的小費；畢竟我們的生活周遭處處是顯示屏幕，注意力已是稀缺的資源。

---

13. 其後更名為「勝家公司」（Singer Corporation）。

思｜維｜實｜驗

若你的品牌不是以「情節記憶」，而是以「語意記憶」儲存於某人的大腦中，
他還能辨認出你的品牌嗎？

你的記憶⋯⋯到底在哪裡？

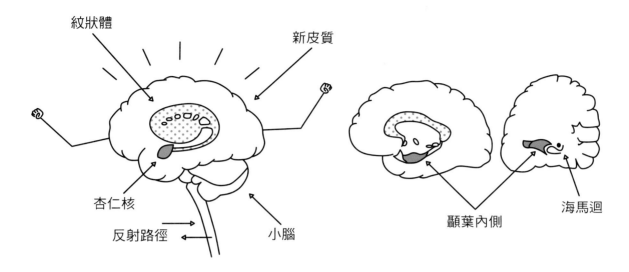

- 紋狀體
- 新皮質
- 杏仁核
- 反射路徑
- 小腦
- 顳葉內側
- 海馬迴

觀察你的大腦就像看到自己出現在影片上，總是會有點尷尬；而且知道你腦中杏仁核和海馬迴的相對位置，也無助於找到真實記憶，但卻可能有助於你形成大腦中這些小區域，其能量是多強大且重要的新記憶；此外，當你在閱讀本章節時，瞭解這些位置可能會讓你免於腦袋爆炸的窘境。

▶ 自我欺騙

記憶的類型

　　如果你曾花時間詢問大眾購買了哪些商品，你就會得出「大家都對研究者說謊」這個共同事實；他們會說「我只買對身體有益的食物給我家人吃」，但提在手裡的購物籃中，卻裝了滿滿的多力多滋（Doritos）、起司通心麵和健怡可樂。你沒意識到的是，他們其實也對自己說謊；而之所以會產生這種現象，我們就得用記憶來解說一下了。

　　內隱記憶又稱無意識記憶，可分為三種類型：①習慣和技能（運動與知覺）；②促發（Priming）；③制約（Conditioning；又分古典制約和操作制約）。由於內隱記憶屬無意識記憶，無法直接透過「意識」來觀察，導致市場調查變得十分困難；雖然我們能藉由**有意識重複動作**來

直接訓練內隱記憶，卻不一定知道這訓練的運作或解釋其可行的原因。如果品牌想要在時空內建立多重感官體驗，那就得多多研究內隱記憶了。

　　根據神經學家大衛‧伊格門的說法：「我們有許多回頭講述自身行為的方式，這就好像我們的『行動』等同於『想法』一樣。」伊格門也在著作《躲在我腦中的陌生人》（*Incognito: The Secret Lives of the Brain*）中解釋，為了治療危及生命的癲癇而開刀的患者，在醫生切斷左右腦連結後發現，患者有時會像擁有兩種截然不同的心智般。舉例來說，當裂腦（split brain）患者使用右手拿小說進行閱讀時，可能會很享受這本書；但在換成左手閱讀時，卻會感到內容無趣，因為控制左手的是右腦，而右腦無法進行閱讀。

　　如果你至今仍相信焦點團體訪談（focus groups）告訴你攸關品牌的一切言論，也許你該用二隻耳朵之間的器官（大腦）多思考一下，畢

簡單到連老鼠都辦得到

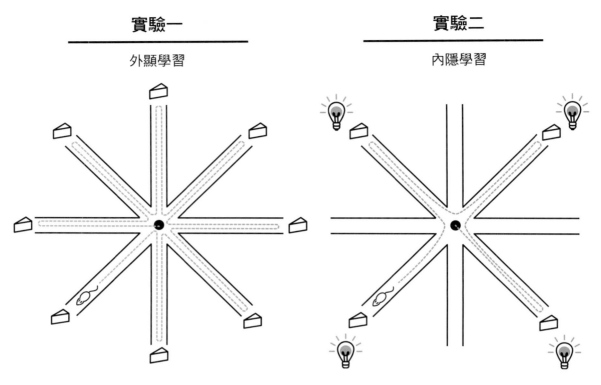

實驗一	實驗二
外顯學習	內隱學習

有時真實生活就跟這張兩張圖一樣，尤其當你想要來杯好咖啡時更是如此；你不斷尋找星巴克的標誌，就像老鼠找尋內圖上電燈的位置。「標誌」（logo）其實是種語言，只是我們不需閱讀便能一眼辨別；所以下次在設計標誌時，考慮試試漫畫字體吧！

竟我們無法單靠自身意識來解釋，顧客透過內隱記憶所產生的選擇。不過，與其承認我們不夠瞭解我們的行為，不如說我們其實都在**捏造故事**，而焦點團體訪談和調查小組經常錯估顧客選擇也是源自於——他們一直將重點擺在根本不會有所回應的大腦誤區；這就是行動勝於空談的原因。然而身為行銷人員的我們卻經常不接納這個意見，才會導致顧客行為不符合我們的「預期」。

▶ 兩條泥濘的學習之路
學習的方式

　　根據神經學家查爾斯・吉爾伯特所言：「許多習慣都是早期就養成的，會跟隨我們一輩子，而且我們也都懂得不用意識思考來過生活。」儘管習慣的養成似乎源自於外顯（有意識）記憶，但不管是內隱還是外顯記憶，或有意識及無意識記憶，其實都能在大腦中儲存和運作。

　　上述兩張圖是以老鼠迷宮所做出的實驗：科學家們以中心平台當作基準，設計了一個放射型迷宮，每條路的盡頭不一定都有食物。在實驗一

裡，老鼠必須走到每條路的盡頭才能獲得食物，而且每條路限走一次，因此老鼠得記住自己走過了哪些路；這項任務依靠的是外顯記憶。在實驗二中，老鼠必須學習有開燈的路才有食物，這項將「光」和「食物」連繫起來的學習；仰賴的是習慣這類型的內隱記憶，這在大腦中是不同的記憶路徑。透過這二個實驗結果，科學家們證明了內隱和外顯記憶是兩種**獨立**的記憶形式，因此動腦部手術時損傷到其中一條的記憶路徑，並不會阻礙另一條記憶路徑的學習，反之亦然。

我們究竟有多少購買行為是出自於習慣？根據估計，人類行為有百分之九十五乃遵從既有習慣，但卻只有百分之九的行銷人員注意到這項令人震懾的統計數據。先讓我們暫停一下，花點時間思考這項誘人的統計數據：請回想一下，你最近一次在商場裡認真評估不同品牌的牙膏，並**讀**完包裝上的全部文字是什麼時候？許多習慣一旦養成後就很難被打破，但競爭對手還是能透過陳列樣品和免費試用，來打破舊習慣並建立起新習慣。

現在我們就來訓練大眾，養成購買某個品牌的習慣吧！正如我們先前討論過的，**運動技能其實是種肌肉記憶**，而且它還具備了看似更高級的作用；讓我們在注意力未集中時自動執行某個動作。舉例來說，當被要求辨識鏡像字母時，一般人會先用意識來學習並完成這個任務，這時以功能性核磁共振成像照射受試者大腦時會反映出，這項任務會活化腦部的**高等視覺處理功能**；但在受試者重複辨識鏡像字母幾次後，這項功能就會**被視覺導向的習慣**所取代，且漸漸停止運作。在這個時候，你的大腦在看待這些字母，就如同麥當勞的金色拱門（Golden Arches）標誌一樣——從左或右觀看都沒差；因為協同運作的神經元已連結起來了，其關鍵就在「重複」。

倘若所有產品的外包裝和字型看起來都長得一樣，那麼我們就得靠閱讀外盒上的文字才能找到最愛的品牌；但若能透過圖像，在抉擇的速度上就會快上許多，因為閱讀需要較多**有意識的注意力**，基於此道理，你們仍在閱讀本書真是我們的萬分榮幸啊！如果我們沒辦法好好運用潛意識，我們每天得浪費多少時間呢？光是去趟商場買個東西肯定就讓人煩惱至極吧！

「促發」與內隱記憶有關，我們可藉此來識別**圖像**和**事實**，以加快進入外顯記憶路徑的速度；而一個成功的標誌，靠得就是大腦這項功能來幫助回憶，就連標誌有部分顯示不清時也能做到促發。只要靠著令人難忘的廣告歌旋律或部分標誌，就能透過促發來啟動外顯記憶，雖然這項理論經常使人覺得是在暗示各位「放大品牌標誌」，但我們還是要在此鄭重聲明：較大的品牌標誌並不會讓大眾更容易看見或辨識；因為大眾普遍不喜歡逼得太緊的銷售人員，或是把自我意見強加在他們身上的人。

身體會知道
古典制約和操作制約

古典制約（想想看生理學家巴洛夫〔Pavlov〕的小狗實驗）是兩個或兩個以上**刺激物之間的關聯性**，其一為良性的（鈴鐺），另一個為強烈刺激（獎勵或痛苦）；至於操作制約則是**行為與結果**之間的關聯性，像是推動槓桿來取得食物。大多數的制約都需要在短時間內產生因果關係。

不過食物中毒卻是個特殊例外，它並不會在短期內產生效果，因為食物中毒得要一段時間後才會發生作用，而且在此之後我們也會經常避開那些食物，就從演化角度來看是有其道理。然而，這也是**味覺感官**的獨特之處；若是在聽到聲音或看到圖像的幾小時後才感到噁心，那根本不會對記憶造成任何影響。同樣地，如果吃完東西後只有肚子不舒服，但沒有噁心，我們也不會將「食物」與「中毒」連結在一起。因此，品牌擁有者需要面對的挑戰，便是避開負面制約，並增加正面制約效果；若有天你在搭乘優步時獲得愉快體驗，並在同一天遭遇難以忍受的傳統計程車搭乘經驗，那麼你就會明白傳統計程車業身陷危

心理學 101 複習時間

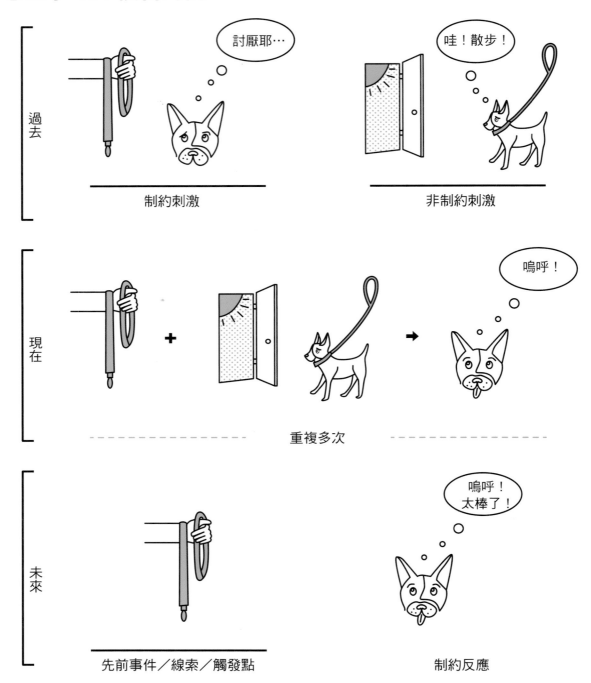

這個例子是獻給那些把自己養的狗取名為「巴洛夫」的人，並以此來嘲諷帶狗散步這件事。在古典制約實驗中，我們就像圖畫中的那隻狗，而品牌擁有者則是握著外出繩；對現代的狗主人們來說，狗狗已經制約了主人餵牠吃飯、帶牠出門散步，最棒的部分是，主人還得撿拾狗狗留下一條條的便便。

機的原因了。

生活大小事都能透過電腦搞定。

❯ 讓個人生平與生物學共舞
人類生命中的進化

神經可塑性（Neuroplasticity）是最新掀起的熱門議題。過去我們都認為人人生來就有各種神經元，而且早已固定在人類 1.0 版本的設計裡；但我們現在卻發現，當大腦有某區域遭到損害後，為了學習、體驗和社會互動，腦部受傷區塊周遭的神經元會再重新佈署，這種重新連結的能力真叫人驚艷啊。當我們在學習樂器或沉思時，大腦神經元會新增路徑；然而一旦我們停止使用某項功能或停止回想記憶，路徑便隨之消失。我們其實都在根據先前的樣貌，不斷地進化到人類 2.0 版本。基於上述事實，新品牌亦可透過「建立新神經網絡」來取代舊品牌。

唐納德·赫布在 1949 年提出一項假設：當人類在學習狀態時，腦部會建立和強化神經突觸（neuronal synaptic）連結。之後科學家們也已透過實驗證明了這項假設，並在實驗過程中發現了反赫布假設現象，也就是：當人類長時間未使用神經突觸連結時，它就會遭到刪減或削弱。因此在人們對智慧型手機或全球定位導航系統產生依賴的同時，將會縮小自身的海馬迴。放眼全球，現代多數人都不再使用大腦內部的空間導航系統來找路了，所以大腦就自動刪除這區塊的神經突觸連結；**不使用即失去作用**，你還不相信嗎？下次在你前往某個陌生的目的地時，試試不要使用設有地圖的設備，你一定會覺得自己好像少了什麼──確切來說，是你一部分的大腦。

同時，發明家暨未來學家雷·庫茲威爾，將自身於神經網路（neural network）研究，轉而投入電腦發展的計畫也已逐漸明朗，並且超乎我們預期。當大腦處理過程逐漸被電腦裝置取代，我們是否因不再需要這些大腦處理過程而失去它們？根據庫茲威爾的說法是：這問題並不重要；因為到 2025 年，電腦會變得跟人類一樣聰明，

❯ 情緒光譜的終點
難忘的體驗

你想瞭解「記憶」到多深的程度？只要你知道得越多，就越能理解人類的行為和記憶。神經學家普遍確信所有心智活動都與生理結構有關；舉例來說，心理疾病不是源自於大腦結構異常，就可能是細胞或分子出現異狀，而且根據推論發現，儘管外顯與內隱記憶是在大腦不同區域運作，但兩者在建立記憶時所使用的細胞和分子卻十分相似。學習腦科學其實就像在剝朝鮮薊（artichoke）一樣：得一層又一層地剝開，似乎永無止盡般。所以下次在思考大型傳播觀念時，不妨試著使用這套方法來思考，絕對有助於銷售。

緊接著我們就要進入更深層的探討了。我們身為人類的各種經歷與體驗，不但可對細胞基因表現（又稱為表觀遺傳改變〔epigenetic changes〕）帶來長期性改變，也在學習、記憶和行為中扮演重要角色。有些表觀遺傳改變源自創傷經驗，以致於基因放大了某種刺激物的突觸反應，創傷後精神壓力障礙（PTSD）就是一例；而有些表觀遺傳改變則是可以遺傳給下一代的，所以如果你小時候曾在豪生酒店餐廳（Howard Johnson's）有過可怕的食物中毒體驗，你就可能會把這種基因遺傳給你的孩子。因此，如果你是一名品牌擁有者，就要知道極端的情緒光譜（emotional spectrum）較有可能對人產生難忘的影響。

不管是外顯記憶的形成，或其發展為長期記憶後的最終儲存，這兩者都是從工作記憶開始進行，而這有如「管風琴鍵」般的神經元，只會保留信息幾分鐘的時間。從這裡開始，神經元會將信息傳到其他位於顳葉內側和海馬迴的神經元，大概一個星期後，才可形成記憶存活在大腦皮質。這整個過程就像在你的大腦中連結新電線，

只要完成連結，你就能碰觸開關以這條電線傳遞能量，且大腦中的電燈也會因收到這股能量來照亮記憶。此外，就算這條電線建立之後經過好幾個月或好幾年，可能還會持續運作；只是隨著時間過去，電線遭老鼠啃咬的機率便會增加，到那時候才叫水電工來修理就太慢了；更糟的是，如果你只搭建了一條電線，那就等於把運氣一次用完，因為你的品牌價值將隨著記憶消失而衰減；所以，請當個聰明的品牌擁有者，努力透過多重感官建立連結。

> 在你頭殼裡緊密交織的銀河系
我們的記憶能力

神經元們的連結程度相當高，每個神經元都有多達一萬個與其他神經元相連的突觸連結，而人類腦中神經元的數量也有約八百六十億；這種高度連結性使得大腦發展出龐大的計算能力，而相同的神經元也能在多種記憶中發揮影響力。此外，科學家們也相信在此運作系統下，人類擁有無限潛力儲存記憶，只是受限於**編碼**和**檢索記憶能力**而已。

神經學家約翰・歐基夫（John O'Keefe）在 1971 年發現了老鼠大腦海馬迴內的位置細胞（place cell），以及該細胞負責記憶空間資訊的能力，並因此在 2014 年榮獲諾貝爾獎。根據神經學家艾瑞克・坎德爾（Eric Kandel）和史蒂芬・西格鮑姆（Steven Siegelbaum）表示：「當動物進入新環境時，牠們的大腦會在短短幾分鐘內形成新『場域』（place field），並會維持數星期至數個月；因此，如果紀錄下位置細胞的腦電活動（electrical activity），則可預測老鼠在新環境中的位置。如此一來，海馬迴被認為是構成動物對周遭環境的認知地圖之角色。」隨後學者們還發現了含有空間定位的網格（grid）海馬迴細胞，而知道所處位置細節的位置細胞，會透過神經連結映射在網格中的位置。

對於這個空間記憶系統，神經學家歐基夫更進一步地描述：「在海馬迴結構中找到的空間細胞能顯示動物的位置（位置細胞）、當下的前進方向（頭方向細胞〔head direction cell〕）、環境的座標（網格細胞〔grid cell〕），以及動物和環境邊界之間的距離（邊界細胞〔boundary vector cell〕）。」

位置細胞相當有趣，其運作就好像在連續書寫新資訊到神經元裡，好**記錄**下周遭的新環境，這就類似於使用錄音機或硬碟來錄製新歌般。此外，在奧基夫的實驗中，他只以牆壁上的幾個圖形來指引老鼠，讓牠們知道自身位於迷宮的哪個位置；透過位置細胞與每種圖形的記憶進行連結，老鼠便能利用這些圖形走出迷宮。現實生活中的大賣場其實就像奧基夫實驗中的迷宮，因為我們都是利用標誌來指引我們遊走在各個商品走道（而你之前還以為只有人類會「消費」標誌）。

儘管杏仁核的主要功能是學習情緒反應，但上述研究也發現，杏仁核利用類似於海馬迴使用的細胞機制來編碼記憶；同樣地，雖然記憶會存於大腦中各個地方，但都能藉由白質相互連結。因此，只要品牌**接觸**到大腦系統的區域越大，就能**取得**越多路徑建立外顯和內隱記憶。

> 生成結合蛋白
長期記憶的家園

在你的大腦在喘口氣後，我們將要繼續深入探討細胞，來看看新突觸連結的形成方式，這是個令人好奇又相當複雜的領域。

想想看有顆大腦正在體驗你品牌的第一時刻，在這顆大腦中的工作記憶神經元，就有如管風琴這項樂器之於巴哈 D 小調觸技曲與賦格曲（Toccata and Fugue in D-Miner）同等重要的影響力，大腦啟動一條又一條的神經連結路徑，抵達顳葉內側並進入海馬迴。

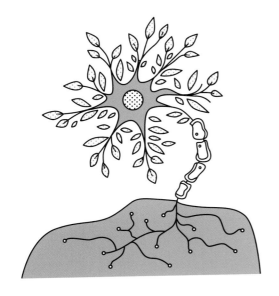

現在先讓我們把焦點放在單一路徑上,並以「弗瑞德」(Fred)來稱呼它。弗瑞德與許多上游的突觸前神經元產生幾個突觸連結,並在這些連結裡接收鈉離子流入的能量。若弗瑞德接收到的結合能量很小,這些能量可能會在弗瑞德將它們傳送到下個地方前就消散不見;然而,若能量大小達到一定水準,弗瑞德就會開啟並將能量傳送到鄰近下游的突觸後神經元。想像一下,這就是弗瑞德在轉發你的品牌訊息過程。

啟動後,弗瑞德可能會「獎勵」這些傳入的突觸加入受體之中,並讓鎂離子從受體彈出,來開啟周遭尚未開始運作的突觸;簡單來說,就是讓跳跳糖(Pop Rocks candy)在大腦中炸出一條路徑,以便更能「騷動你的心」;不是嗎?這也就表示著:弗瑞德已經做出選擇,跟隨著攜帶你品牌訊息的神經元組。

這些結構上的改變,會使弗瑞德於下回遇到相同的突觸前神經元所輸入的能量時反應加大,進而發展出長期增益效應(long-term potentiation),開啟一條得維持數小時或數日之久的路徑,等待新能量的來臨。其實這就像打開柵欄,準備讓更多記憶(牛隻)聚集在柵欄內一樣;然而,若未接收到任何記憶,此柵欄就會自動關閉,因此,品牌體驗確實能改變腦中化學物質的生成,但若沒接收到任何刺激,就無法啟動

神經元運作。你可見過靜悄悄且空蕩蕩的老西部鬼城?這就是你的大腦缺乏難忘體驗時的狀態。對學者來說,這是個有趣且值得探究的領域;但對品牌管理者來說,卻是個令人沮喪的事實。

長時間下,若神經元仍**持續接收**新能量,便會使得神經核的基因表現產生變化,**促發生成新**的突觸以增加更多的反應;而且當具有長期增益效應的記憶,藉由睡眠或其他方式來鞏固時,就會產生出驚人的物質——對你來說,試著唸這個冗長詞彙根本毫無意義,但對研究記憶的科學家卻深具意義,這個專有學術名詞就是「細胞質多聚腺苷酸化元素結合蛋白」(cytoplasmic polyadenylation element binding protein),在本書中我們就以「結合蛋白」稱之,因為「結合」(binding)一詞能表達其義,而一般大眾也都喜歡高蛋白奶昔(protein shake)。因為神經學家在記憶鞏固過程中,發現神經元會生成結合蛋白,而且此結合蛋白也具有無限自我維生能力,所以許多神經學家都相信,結合蛋白就是形成可以保有一生記憶的關鍵元素;這也就表示,有些記憶會永遠留在我們腦中,直到死亡為止。

若你的品牌時刻已經在大眾大腦中烙下深刻的長期記憶,那麼你已經做到上述這些了。現在你需要弄清楚的是,該如何讓大眾**檢索**這些記憶。如果大眾不再回想這些記憶,它們可能就像從來不曾存在過。現在,你的工作就是小心呵護你已經**策略性**建立在每個人腦中的記憶,即使他們身在全球各地亦是如此。

這在記憶編碼學(memory encoding)中是最新的研究科學,雖然至今我們還沒全盤通透,不過能確定的是,有些記憶是按照「空間順序」被記錄的,而品牌記憶若是以「多重感官體驗」來編碼的話,那麼該品牌可能會強大到成為某人的部分人生。由此可見,讓品牌在大眾腦中形成記憶,顯然對公司是有價值的,且對個人亦然;如果我們能檢索這些品牌記憶,那麼在下次購買東西時,我們就可透過這些記憶來取得品牌資訊了。

思｜維｜實｜驗

閱讀包裝上的每一個詞彙，真的有助於我們做出更好的決定？

富比士先生也帶走了自身記憶？
回想長期記憶

邁爾康・富比士（Malcolm Forbes）這位出版商暨象徵性人物曾說：「死亡時擁有最多玩具就是贏家」。的確，他所收集蒐藏的玩具能讓他大喊「贏家獨享奢華大餐！」但富比士的這番話可能需要兩次修正：第一，「死亡時擁有最多回憶就是贏家」，其二還要再加上幾個字——「死亡時擁有最多**可檢索記憶**就是贏家」。隨著我們進入集結和儲存記憶，我們將會瞭解，如果你無法記得或騎乘富比士收藏的摩托車，那麼那些摩托車根本就不具任何實際價值。「檢索」就像一把萬能鑰匙，可以開啟我們生鏽的記憶之門，但當我們需要它時，不一定就找得到。或許在這個時候，社群成員、品牌管理者或擁有者能為我們獻上這把鑰匙，讓我們開啟大門進行購買。

從現在開始，至少在你的記憶中，我們要來探討**回想記憶**的過程。舉例來說，我們學習到擁有特殊的自傳式記憶（autobiographical memory；又稱超憶症〔hyperthymesia〕）者——他們體驗世界的方法，就像橄欖球隊四分衛重溫光榮歲月那樣；同時我們也會更深入探討記憶對「品牌」和「大眾」的意義。唯有大眾擁有品牌記憶時，該品牌才算真的存在；而在大眾會不斷轉移自身對品牌記憶的前題下，品牌是否具有生命，全得仰賴它**停留**在大眾記憶中的能力。

杜夫・朗格的痛擊指數
記憶的半衰期

科學家們已經蒐集了 100 年的數據來測量人類一生的記憶能力，而且這項數據結果與指數衰減模型相吻合，其類似於核輻射中鈽 239 的衰減。這個討人厭的同位素擁有兩萬四千年的半衰期，這就表示只有一半的能量會在這段時間消耗完畢，意味著欲消耗掉另一半的能量就得再花上兩萬四千年才行，以此類推。若用顧客類型比擬

成鈽 239 的話，它就像是你稱之的「死忠顧客」，若你的品牌能取得這樣的顧客保留率，那就真的太幸運了；但是也請注意，核輻射中另個同位素核鈽 233，其半衰期只有 20 分鐘而已。

瓦拉第・韋布爾（Waloddi Weibull）是相當聰明的數學家，曾在瑞典名人榜中名列第四，僅次於國寶級女演員葛麗泰・嘉寶（Greta Garbo）、英格麗・褒曼（Ingrid Bergman）和動作片巨星杜夫・朗格（Dolph Lundgren）。韋布爾發現的韋氏分布是以指數函數作為基礎，並且與許多顧客保留模式相符：每一百名新顧客中，有百分之甲的顧客會在頭年選擇離開，而百分之乙的顧客會在第二年離開，以此類推，直到剩下來的顧客曲線趨於平坦；這群人是最「忠實」的顧客。如果品牌沒有持續發展、推動前進或提昇，小心杜夫・朗格的右鉤拳會找上你的品牌，讓記憶曲線下跌；當記憶不夠鋒利且易變時，想要維持連結，品牌就得努力增加價值，吸引更多感官參與才行。

金融分析師也常用韋氏分布來預測，公司從既有顧客身上取得的未來收益。基於品牌得依賴在時空內形成的記憶，加上研究指出，記憶會隨著時間過去而衰退，因此認為顧客關係會呈現指數性衰減，也是合情合理的事。在此我們要謝謝韋布爾先生，比起其他瑞典名人，甚至是杜夫・朗格的死對頭席維斯・史特龍，畢竟由韋布爾所發現的韋氏分布更叫人難忘。

拿掉星號，仔細感受
召回全部的感官

你注意過你的身體嗎？何不趁著讀本書時確認一下！背部有哪裡不舒服嗎？有些人說，心靈能承受的痛苦，就跟背部能忍受的疼痛是差不多的；只是當我們在閱讀時很容易陷入思考之中，忘記感受身體狀態；但當我們的心理和意識可能不贊同某個觀點時，身體同樣會產生反應。畢竟記憶是透過感官體驗而形成，而**產生的想法和感**

覺，也會存於神經細胞中。

透過多重感官形成的記憶連結，普遍都能經由多種路徑進行檢索。內隱記憶（如習慣）的替代檢索路徑，我們也已經好好研究過了；若某條編碼記憶的大腦路徑遭到部分破壞，還是可藉由另一條路徑來取得記憶，直到兩條路徑都毀壞了，才會永遠喪失。因此，以「多重感官連結」對照「人類記憶的半衰期」是很好的方式，而且也絕對能讓品牌擁有者，努力設計出更生動的品牌體驗；畢竟建立越多感官參與的記憶，就越能打造強力且深刻的品牌。

以本書為例，只有部分文字能在讀者腦中留下深刻記憶，其他多數則會漸漸被淡忘掉；但在閱讀過程中，以上兩者都會影響你的既有記憶、信仰和欲望。想要真正記得一件事，付諸行動就對了！在本書頁面邊邊空白處做點筆記、找人喝杯咖啡談談本書、在社交平台上分享你對本書的想法，或是寫下行動計畫並徹底執行，這些都能幫助記憶。唯有**付諸行動才能帶來全面的感官回饋**，進而認同或反對該想法的實際性，並透過更多神經連結形成更強烈的記憶。

行動對品牌而言也至關重要。觀看特斯拉新型汽車電視廣告 15 秒鐘，已經可以達到不錯的宣傳效果；但若與試駕體驗，甚至是真正擁有一台特斯拉的體驗相比，電視廣告只能造成聽覺和視覺上的短暫衝擊。根據研究顯示，**參與其中的感官越多，就能形成越強烈的記憶**；而在長時間下參與其中的感官越多，也有助於在潛意識中形成習慣；此外，長時間提供愉快又多重的感官體驗，也可幫助建立強力品牌。所以現在讓身體休息一下，站起來伸展雙臂，思考一下這個想法吧！你的所有感官和那些你畫上書上的星星記號都會高聲向你道謝的。

◆ 樂觀主義才是王道
正面體驗＝美好記憶

現在我們來談談美好記憶的衰退吧！根據研

究顯示，我們比較會記住美好體驗中的所有感官細節，而且越是開心的記憶，就越會在我們腦海中長久保留。當品牌提供愉快體驗，並衝擊我們全面感官，像是嗅覺、視覺和聽覺時，我們不但會對品牌產生較強烈的情感連結，也會對該品牌體驗記得較長久的時間，而且「回想」這個行為也能增強記憶，好讓日後回憶使用。

接著又有進一步的研究發現，人類並不理性，總是抱持樂觀態度看待未來，以飲食、搖滾樂團、賭場、新創公司，甚至是婚姻為例；就算前方有著種種的阻礙，人們還是傾向於相信會有美好結果。對於主打感性牌的品牌而言，人類的這個傾向也算是種安慰了。此外，在有限範圍內，只要在對的時機給予肯定，就連原本略顯普通的品牌體驗都能變得特別；因為大眾都想「相信」。

人類之所以會抱持樂觀主義，都是因為杏仁核和海馬迴的關係。這兩者於腦部位置不但相鄰著彼此，還都位於我們所謂「蜥蜴腦」的深處。杏仁核就像西洋棋中的皇后，掌管情感的總開關，並將情感指令傳送至全身上下，而海馬迴則負責決定保留或刪除的記憶；至於這兩個器官的結合，主宰了我們的注意力和記憶力。此外，這也是我們時不時就在書中要要幽默的原因，畢竟讓讀者在閱讀時有多點微笑，留下的印象就會越深刻。

橄欖球隊的四分衛之所以無法停止重溫光榮歲月，可能是因為他擁有一個強大的海馬迴和戀舊的杏仁核；奇怪的是，球員休息室裡的氣味，可能就是造成此現象的關鍵。大腦中處理味覺的區域就在杏仁核旁邊，所以有很多的強烈情感都是透過嗅覺引起的，而且氣味同樣也能加深外顯型的自傳式記憶。

由於我們的嗅覺實在太過靈敏，只要提及一個香味，就能讓某些人想起並意識到自身體驗過的實際花束；玫瑰花香就是一例。透過功能性核磁共振成像或正子發射斷層掃描儀（PET），我們就能看見當這些人看到、聽到和聞到某些事物時，他們腦中負責處理這些感官的區域便隨之發亮。像是橄欖球隊的四分衛和甲狀腺亢進患者，都是少數以生動感官記憶能力聞名之人，他們能夠確切記得自己在 2004 年 7 月 4 日吃了什麼午餐。這兩類型的人，都是利用多重感官線索，來建立強大且衰退速度緩慢的記憶。

然而，對於我們這些沒有超級自傳式記憶的人來說，想要加深記憶的方式，就是在那些日後想**好好享受**的某段特定記憶上，把重點擺在感官細節裡；因此，對品牌管理者而言，很明確的事實是，建立正面的多重感官體驗，將有助於發展長期記憶和更強力的品牌；這也難怪「品質」通常是決定品牌強大與否的因素了。人人都想擁有日後能沉浸在回憶之中的美好時光，然而有時品牌能夠在此助我們一臂之力。

▶ 人生四部曲
初始、頻率、新進和速度

不論是電影或人生劇本，基本上都可分成三部曲；第一部：我們遇到的角色；第二部：角色參與後的戲劇人生；第三部：故事告一段落。同樣地，市場研究員也會將重點擺在品牌發展中，與記憶相關的三個主要時刻：**首次接觸大眾**、**接觸頻率**和**最後聯繫**，不過在此我們要再加入第四部曲；那就是：**互動速度的改變**。

「初始」（primacy）是指我們記得首次接收訊息的時候，有別於中間或最後的接觸；而「頻率」（frequency）則是指我們最頻繁接收訊息的時間；至於「近期」（recency）則指我們最近接收訊息的時刻。這三個術語在市場調查中十分常見，但我們最後還要增加「速度」，來表示**與品牌接觸的頻率變化率**，而這四個維度就是品牌得以將平凡體驗轉變成難忘時刻的機會。

在我們多數人一生之中，第一個熟悉的「品牌」就是家庭，我們與家庭相關的記憶會深深烙印在自身腦海裡。在家庭這個品牌形成的期間裡，我們花在家人身上的時間會多過於其他人，在成長初期自然而然的大量增加這方面的神經連結，而且我們最終的重大情感連結也可能與家人有關。由此可見，家人給予了我們**個人的自我品牌**，其次才是朋友和同事。比起第三方，我們更傾向喜歡、尊重和相信自身家人、朋友和同事，因此品牌擁有者想要打進這個緊密的社群範圍裡，是相當不容易的。

上述只是人類許多情感和心智上的一小部分偏見而已，還有數百個認知、社會和記憶上的偏見，是我們很少透過意識來好好思考的。為了與人們的緊密人際關係網絡競爭，品牌擁有者必須確定自身傳遞的每個信號，都經過精心設計且能夠留下正面印象；因為神經元會**一同啟動、連結合作**，因此品牌傳遞正確訊號這件事便至關重要。

◆ 兩個輪子與時間

Schwinn 單車

回想你學騎腳踏車那幾年，起初你可能還需要在後輪兩側加上輔助輪來幫忙平衡！還記得塑料橡膠把手握起來的觸感嗎？當時你用盡人類歷史上最快的騎乘速度——時速八公里；奔馳在大馬路上，享受春天裡新鮮空氣的氣味，然後你聽見了哥哥的芝加哥小熊隊（Chicago Cubs）棒球卡，卡在前輪上嘎嘎作響的聲音。接著你大叫，心想這到底是從哪兒冒出來的，卻在還沒理出頭緒前就摔車了。你從口中吐出摻雜金屬味的血液裡還雜夾著一點泥土，這足以讓你的父親感到驕傲。最後你的父母親連走帶跑來到你身邊，一把將你扶起，確認你是否傷到骨頭；但對你來說，傷到的其實就只有自尊而已。當時能緩和你情緒的，就只有時常出現在電影配樂中皇后合唱團（Queen）高唱的：〈我們是冠軍〉（We Are the Champions）了。

這項體驗對你大腦多處造成了深遠影響，不單是突然想起來的記憶而已，還是發生在：你有能力回想起事件發生幾分鐘內，與當時年紀相關的「細節」連帶所產生的記憶。Schwinn 品牌的單車透過感官輸入，在你腦中建立了長期記憶，並在其中掀起了漣漪，讓你利用了接下來幾個暑假好好練習騎乘腳踏車，享受它帶來的自由時光，並透過友誼、冒險和大街小巷的探索形成更多記憶。最終 Schwinn 品牌就會變成值得你信賴的公司；比起走路，Schwinn 單車總是能讓你更快到達目的地的交通工具。

只要花幾秒鐘的時間，你可能就能回想起塑料橡膠把手的手感、油膩車鍊的氣味和剛修剪過的草皮味（即郊區院子），畢竟你從小就累積了許多與 Schwinn 品牌相關的難忘時刻，可能從生日收到那台腳踏車就開始了。第一次騎乘體驗可能會是最難忘的時刻，但是你與 Schwinn 接觸裡的許多其他時刻，也有助於產生連結。現在讓我們把 25 年前的時光轉移到現在，而且是在你幫

還記得你的第一台高速交通工具嗎？在我們 5 歲的時候，總是對世界充滿好奇，當時騎著雙輪穩定的 Schwinn 單車，時速可以從每小時約五公里，增加到約十九公里，感覺就像飛起來一樣；而這樣的記憶一旦建立，就可能維持一輩子了。

兒子購買單車的這天。

當你到塔吉特百貨的單車專區後，你轉動單車輪子、用雙手摸過坐墊時，所有回憶開始湧上心頭，內心那股興奮感也油然而生。你把每一款型號的 Schwinn 單車從展示架拿下來瞧瞧，甚至還會騎著它們到商品通道底，這也使得約莫一百八十公分的高大身材讓腳踏車承載過重，並可能在經過 1 個小時的挑選後，你才走到安全帽區。最後，當你推著 Schwinn 單車結帳時，臉上浮現的大大微笑足以讓收銀員懷疑你的心智能力；在進入家門前，你的鄰居向你點頭示意，他也認同你選的那台單車，於此同時，他也會回想起自身的兒時記憶，甚至很快就會踏上跟你相同的購買旅程。

這些行動都是在大腦發生，而我們也知道大腦會以**感官輸入**為基礎來建立**內在現實世界**，所以不是只有品牌可以影響時間和空間，我們的聽覺、視覺、嗅覺、觸覺和味覺也會影響品牌。

現在就起身吧；放下手中的這本書，從車庫取出你那台老舊的 Schwinn 單車，再次騎著它到大街小巷晃晃吧！你老婆會理解的，有什麼事比得上在星期六早上花上 1 個小時，重溫這個交通工具在你年少時期為自身帶來的自由氣息呢？不過請記得戴安全帽！我們脊椎上端的器官正是大腦，這也是我們能擁有記憶的原因；如果在探究品牌的過程中忽略了這個器官的重要性，不但很可惜，也會讓人啼笑皆非。

想起被你遺忘的事物了嗎？
結論

在部分傳統行銷觀念中，教育顧客不但成本高昂，而且也不是項值得投資之標的。但請試想一下，當你在教育時，其目的是什麼？幫助他人學習事物，還是建立長期記憶？就許多角度來看，「行銷」跟「教育」是密不可分的；行銷的目的不但是要解決大眾日常生活問題，還得同時密切注意更廣泛的文化領域。然而，因為現在行銷人員面臨的最大挑戰，就是大眾腦中對於品牌的記憶正指數下降，於是在本章節中，我們正視了「建立記憶」這條充滿挑戰的崎嶇道路。

1 我們對人類大腦的認識，就如同我們瞭解宇宙般，是極為渺小的，但我們還是可以善用僅有的資訊。雖然大腦科學仍不足以取代品牌化的藝術，卻能好好指引品牌化的「過程」。

2 品牌化就是要傳送信號到感官器官上，藉此來建立並累積我們的長期記憶。人類大腦有許多獨立路徑是得以處理和儲存記憶，而這些路徑也可彼此互動，並連結多種不同類型的相同體驗之儲存記憶。

3 高度的感官或（及）情感體驗更容易建立長期記憶，所以想促使某人想起某個品牌體驗，讓更多感官參與建立記憶的過程比較可行。

4 記憶會衰退，但印象較深刻的記憶擁有較長的半衰期，比較容易形成強力品牌，所以品牌擁有者應該追求像「放射性廢料」般長久的記憶半衰期。

5 持續且生動的多重感官品牌體驗，不但能增加新記憶，還能更新舊有記憶，促使大眾形成購買品牌的習慣，進而製造出更多回憶，並讓品牌持續下去。

66
07

能量 ＋ 價值

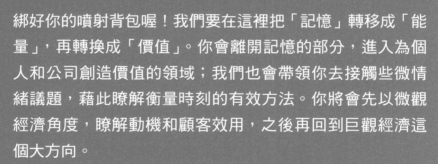

ENERGY ＋ VALUE

綁好你的噴射背包喔！我們要在這裡把「記憶」轉移成「能量」，再轉換成「價值」。你會離開記憶的部分，進入為個人和公司創造價值的領域；我們也會帶領你去接觸些微情緒議題，藉此瞭解衡量時刻的有效方法。你將會先以微觀經濟角度，瞭解動機和顧客效用，之後再回到巨觀經濟這個大方向。

本章節的內容不難理解，噴射背包其實是個隱喻；為了要加強對比這些概念，我們會虛構一個沒有品牌的世界來與充滿品牌的世界作出對照，而本章節可能也會是你想要與你的財務長分享本書的原因，財務長會在對你印象深刻的同時，想要深入瞭解你的想法；讓你在職場上，像是啟動了噴射背包那樣——步步高陞。

圖 **1.3** 雅各階梯

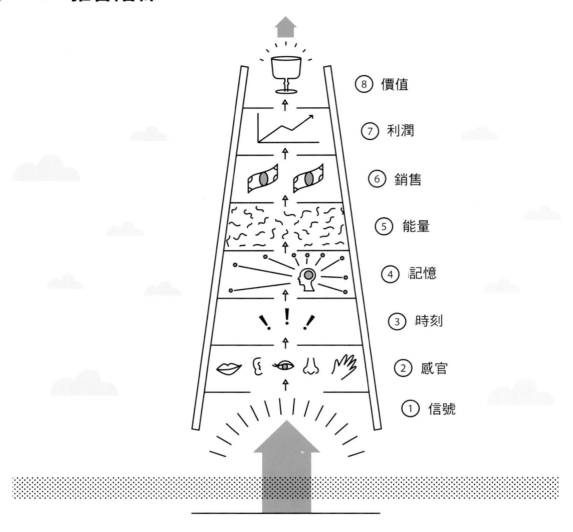

⑧ 價值

⑦ 利潤

⑥ 銷售

⑤ 能量

④ 記憶

③ 時刻

② 感官

① 信號

▶ 仙丹靈藥

品牌能量與價值

　　品牌能量是賦予品牌價值的神秘力量，雖然我們能夠定義品牌能量，藉此幫助衡量品牌價值，卻無法將品牌能量固定住並實際計算；因為品牌能量就跟軟糖或水銀一樣——形狀會隨著事實和情況轉換而改變。我們唯一能夠確定的是：人體就是品牌能量儲存的地方，準確來說就是大

腦中負責掌管情緒的區域；由此可見，所有問題最後都要回到大腦來解決。

　　根據品牌能量和價值這兩個概念，我們提出了雅各模型（圖 1-3）來說明這整個移動過程：從傳遞信號到感官，接著到時刻、記憶、能量和銷售，最後再到利潤和價值。雅各階梯的命名其實源自電弧的概念（回想一下科學怪人〔Frankenstein〕這類型的電影），電弧會增加電壓並形成屬於第四種物質狀態——緊接在固、液、氣之

後的等離子體；而等離子體也跟品牌能量一樣有些神秘。此外，雅各階梯在其他領域的常見用途包括通往天堂之路、健身器材品牌和恐怖電影[14]；而在這幾個領域中使用這個名稱，當然也有其道理。

透過以上這些解釋，我們都對品牌能量有了基本概念，也知道每種情況都是個特例；不過這其實也就表示，對於品牌能量及其與品牌價值之間的關係，我們瞭解和能理解的也就僅此而已。

❯ 從黑莓機到香蕉品牌
比記憶更超然的存在

建立記憶是打造品牌的必經過程，這道理不論是行銷理論家還是業者都很明白；而「品牌知名度」則被量化的消費者研究當作黃金標準，並被世界各地的品牌經理拿來判斷品牌是否成功。然而，即便品牌在大眾腦中留下了深刻記憶，也不能保證品牌處於盈利狀態。

當大眾被問及他們所熟知的水果品牌，或者讓我們更具體點，例如香蕉品牌時，可能絕大多數都會想起金吉達（Chiquita）；有些人甚至還能大概畫出該品牌的標誌：一個女人戴著水果籃帽子的樣子。好的，再進一步觀察一下金吉達的近期發展，你可能就會發現這個迷人品牌已經陷入破產危機了；好消息是，金吉達這個例子還是讓我們上了一課：即使擁有百分之百的品牌記憶，並不代表擁有堅不可摧的品牌或商業策略。不過現在你腦中可能會出現小小聲音說著：「嗯……我很喜歡這位女士的帽子，但香蕉就是香蕉，屬於沒什麼兩樣的商品類別」，所以接下來就讓我們來看看另一個品牌——黑莓吧！

如果要大眾講出三個手機品牌，他們可能會提到過去曾以「黑莓機」這個**好暱稱**殺出重圍的指標性品牌；雖然過去該品牌注意到了市場變化，但卻因公司文化始終無法吻合迅速改變的市

誰能測得出品牌能量？

就算真有一群人能提出「品牌有多少能量」的測量方法，那也肯定是行為經濟學家、精神學家，行銷人員、估價師、心理學家和哲學家之間的會議；他們每個人可能都會宣稱產品決策屬於自身的研究範圍，所以要取得共識，大概會跟讓大腦像電腦一樣日復一日的運作一樣困難。不過這只是衡量品牌能量要面臨的眾多挑戰之一而已；品牌能量存在我們的大腦之中，而每個人的大腦都獨一無二且無時無刻都在變化，且許多大腦所下的決定隨時會反轉。

場,所以產品慘遭淘汰。黑莓公司的產品確實不屬日常用品,也具有將近百分之百的品牌知名度;但該公司卻被財經媒體列入「何時會申請破產?」的清單中。由此可見,除非你只想要一個金玉其外敗絮其內的品牌,否則品牌知名度絕非黃金標準或品牌標準。

金吉達和黑莓都漏掉了雅各階梯的部分步驟。根據雅各階梯,品牌必須通過信號、感官、時刻、記憶、能量、銷售、利潤和價值等步驟;但你也可以看到:透過時刻和記憶建立品牌知名度後,想要讓品牌對品牌擁有者產生價值,其實還有很長一段路要走。

「為什麼金吉達和黑莓會變成過氣品牌?」這才是真正有意思的問題。根據我們分析:金吉達之所以不再光彩,是因為過去 100 年裡,在環境和勞工剝削上一直處於壟斷地位,甚至還提供

經費給被視為恐怖組織的準軍事團體,並遭到美國政府提告,更為此支付了兩千五百萬美元的罰款——這些都是所謂的負面品牌能量和不良公共關係。

而黑莓陷入困境的原因,則可用一句話來說明:不相信 iPhone 所引領的時代趨勢。黑莓的管理階層認為 iPhone 所需的行動數據,無法靠著移動的網際網路來處理,因此把賭注押在 iPhone 的失敗上;而非進行研發類似的產品。由以上兩例可知:企業的不當行為會引起社會大眾的憤怒,進而對品牌造成負面影響;而且也沒有任何品牌能輕易克服像是 iPhone 這麼大型的創新週期所帶來的衝擊。品牌所提供的效用必須照著市場研發腳步前進,否則就會面臨淘汰;因為競爭對手也同樣在努力建立品牌記憶,而大眾也總是會以其感覺到的預期效用、風險、價格和決策時間成本來決定是否購買品牌產品。有時他牌提供的產品**看起來**就是比較誘人,特別是當社群成員在給予競爭者品牌「能量加速度」時更是如此。看看你口袋裡,是不是也有一支 iPhone 呢?

我們三位作者中,有一位曾幫一間以品質聞名的電路板公司設計廣告宣傳活動;但不幸的是,這間公司的顧客之所以擁抱其他品牌,是因為其為了謀取更多利潤而削減了生產成本,連帶降低了產品品質;而顧客發現實際效用不如預期後感到相當驚訝,進而產生負面品牌能量,導致下次選擇購買時重新評估了風險和預期效用;而這間公司當時在恐慌狀態下召開了一場會議,竟然希望訴諸廣告來解決問題。由此可見,似乎人人都相信會有奇蹟發生。

❯ 情感邏輯
愛、恨、冷漠

可能打從人類穴居者將咕嚕聲、舞蹈和旋律轉換成文字開始,理性與感性之間的戰爭就從未停止過;雖然歐洲曾試圖藉由啟蒙運動建立一個永遠以邏輯為主的世界,但直到現在其實都尚未

能量 + 價值

成功。看看我們周遭的人事物就知道了，儘管我們不願承認，但人類許多行為都因愛恨而生；而識時務的設計師也知道要用這兩個極端的概念，來研究人類在表面之下隱藏的欲望。

對於啟蒙運動時代下的產物——現代的公司企業，光是要他們將愛恨納入考慮因素就可能會引起一陣狂怒。舉例來說，德拉瓦州的公司法就是為了要「管理」朝預期結果邁進的過程設計而成，完全排除了極端的情感因素；若事情並未朝預期方向發展，華爾街的各大律師和警方就會準備好要懲罰那些不守規矩的人。然而在企業環境中，行銷人員和創新者卻常常是異類；或許這也可稍微說明在這亂紛紛的數位世代裡，一般**行銷長**（chief marketing officer）任期總是那麼短的原因。

若你開始朝愛恨這個方向進行研究，就會發現**激情**這個因素；你會看到激情在許多案例中都未被正確告知、指引或不完整，但人類情感不會說謊。身處在一個害怕得罪他人的文化社會裡，「我被得罪了」（"I'm offended"）這個保險桿貼紙就可以變成一種人人都接受，但卻吸引不了任何人的慣例；進而導致大眾對該品牌產品感到冷漠。

1960 年代在麥迪遜大道掀起的「廣告狂人」世代，就是善用人類情感的代表；就連 40 年代的廣告文案人員都會在第一格抽屜保存秘密清單，用來紀錄能引人注目的基本欲望，像是食物、性、養育後代和社會認同；而且在廣告市場上也有一句常見俗語：「大眾都是靠感性在做決定，用理性來判斷事實」。儘管大眾廣告的榮景不再，但此洞見還是有其道理。

效果中的精髓

雖然「層級效果」模式仍有不完善之處，但邦班・蘇克馬・維雅亞（Bambang Sukma Wijaya）還是透過自身著作《廣告層級效果模式發展史》（*The Development of a Hierarchy of Effects Model in Advertising*），完整表達了他對現代媒體結構的先進思維；加上後來出現的一些現代媒體術語，像是搜尋、喜歡／不喜歡、分享以及讚／不讚，也讓我們反轉了過去100年來的媒體結構。在這層級效果模式中，忠誠度是最後加進來的結構，影響程度相當廣泛。

現今我們在談及忠誠度時，都是以「你是否會向朋友推薦這個牌子」來當作衡量標準；至於品牌能量則是會因負面宣傳和負面詭異而遭受重擊。然而，品牌若能提供出奇不意的正面體驗，便可提昇品牌能量，並讓能量從個人散播到社群成員；此外，我們也說過，強烈的情感連結有助於建立深刻記憶，還能幫助品牌生成能量。

思 | 維 | 實 | 驗

在什麼時候，你會認為電力公司的品牌，比自己開的車子品牌還要來得重要？

直到最近，聰明的專家學者們也開始深入研究人類的激情，並透過指標指出人類內心情感與大腦緊緊相連。根據諾貝爾得主兼經濟學家丹尼爾・康納曼發現，人類並非總是以理性在做經濟決策；而神經學家也發現，人類的行為主要是由負責處理情緒的杏仁核來掌管，而且人類大腦中也沒有負責管理理性的中央管理區。因此，能夠確定的是：**理性和邏輯都不會被用來管理日常生活行為**，就算真的要選出一個中央管理區，也比較可能是以感性為優先；就像義大利女演員那樣，會憤怒地舉起雙手將不時尚的包包丟在地上。面對大賣場商品架上那約四萬個品牌，以及亞馬遜網站上那一億五千萬個以上的品牌和產品，**訴諸感性**來選擇購買商品其實是合乎邏輯的行為；畢竟身處在這個充滿選擇的社會，我們的每項**需求**都變成了一種**欲望**，若要用邏輯精算每種可能性，再大型、再厲害的電腦也肯定會當機。隨著年紀漸長並擁有更多必備經驗後，我們就會越來越倚賴**直覺**，甚至會在會議上說出：「這些數字怪怪的」這種情緒性字眼；大部分的時間裡，我們可能會覺得自己是在思考，但其實不管我們瞭解與否，**感性其實一直都走在理性前面**。

❯ 「讚」還是「幹」？
正面、中立或負面時刻

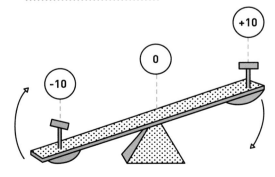

時刻可建立一系列的記憶，從負面、中立，再到正面，且每個記憶都會在腦海中停留很長一段時間；而這其實也不該被視為「非此即彼」的二進制系統，反而是一個類似用「負十分、零分和正十分」來評分的憤怒系統。另外，研究也顯示，負面記憶所造成的衝擊會是正面記憶的**兩倍**；而且只有讚、沒有不讚的情況，也只會出現在 Facebook 裡，根本不可能發生在商場上；但在真實世界中，畢竟得要提供對比的數值，才有辦法比較與衡量。

我們在這裡提供幾個經典的計算準則：一次不良體驗消息所造成的影響，就足以抵銷由許多眼睛耳朵對正面體驗的兩倍讚揚；且儘管百分之八十的公司都說他們提供了優質的顧客服務，卻只有百分之八的顧客覺得他們真的有做到；又或者需要十二次的正面體驗，才能彌補一次沒有獲得解決的負面體驗。以上這些都是刺激**改變**的動機，也都說明了正面時刻的重要性——因為品牌一貫的品質，與建立強力品牌這件事息息相關。

現在就透過物理學來思考吧！為了讓物質存在宇宙中，我們同時也得擁有**反物質**才行；所以我們必須透過負面時刻，才能讓正面體驗趨向中立並達到平衡狀態。只是這場遊戲並不是先到先贏，也不見得每個品牌都能獲勝；不過這其實也是所有品牌取悅每位顧客的好時機，甚至能一舉超越路易斯威爾（Louisville Slugger）這個老牌球棒品牌，在大眾心中一貫的好形象；畢竟我們根本不可能借助金錢（的相關因素）來討好每位顧客。

其實許多顧客都沒有付出足夠金錢來換得喜悅，但先撇開這個不談，你也會發現如果沒有「不那麼滿意」這個選項，你也就不可能相信自身能讓顧客獲得百分之百的滿意，因為根本無從對比，而且難道我們沒有從最難纏的顧客（即不那麼滿意品牌的顧客）身上學到最多東西嗎？

大眾對體驗的感知是非黑即白，並無等級之分，而且試圖用一到五級分去計算會面臨一個挑戰：雖然獲得一分能為結果帶來正面貢獻，但實際上對顧客來說，一分是負面體驗，並可能因此消耗掉近期的正面體驗，讓整個品牌能量轉趨於零。藉由這種方式來計算，會讓我們以為只要取

得平均值就很不錯了，但其實該指數可能是指向非常負面的狀況。

對品牌擁有者來說，那些擁有極端體驗感受（正十分或負十分）的顧客，就是他們能夠學習到更多經驗的對象；而且也不是所有時刻都能為品牌添加價值——其中有些是反效果。

❯❯ 不前進，就等死
動機的起源

人類總有一天要面臨死亡是個令人遺憾的事實，但這其實也是我們決定將能量轉換成銷售的主要動機；而當我們要討論**偏好**某個品牌的原因時，也必須將兩個研究領域包含在內：**動機和說服**。動機的生成源自於會受到周遭環境影響的大腦內部細胞，至於說服則是負責提供一些人類偏好的大腦捷徑；若以酵母來形容說服，那麼動機就是麵粉、蛋、水和其他製作手工麵包所需的主要食料。

動機會隨著時間過去而有所演進，且在進行決策的過程中，我們都會將承受風險乘以兩倍來計算，並以此對照最終獲利。想想看幾千年前的非洲大草原，當一名獵人聽到草叢中有窸窣聲時，他可能會面臨兩種角色的選擇：獵食者或獵物；但基於他正試圖用狩獵能力讓村中某位女孩留下深刻印象，且必須提昇整個家族地位；所以他還是將長矛往草叢一刺，然後碰到一頭獅子，就此命喪黃泉——這也難怪人類總是如此焦躁不安了。

跟其他動物相比，我們雖然擁有較多智慧和宏亮聲音，但卻沒有毛皮、毒牙或螯爪；不過在與他人合作下，我們發明了可消滅長毛象和劍齒虎的武器，而且我們也能透過語言以及與四指相對的大拇指，藉著研發科技來重整世界，讓地球以外的星球都能清楚看到整個地球。因此，最瞭解整個地球發展史的地質學家，便將這個世代稱為「人類世代」（Anthropocene）。

撤除恐懼問題，我們其實都希望身處在安全和受人敬愛的環境之中；我們確實有食衣住和水這些生理需求，但若缺乏他人的善心，我們就無法穩定擁有這些物質享受。親朋好友和社群無疑是個理想的避風港，避免我們陷入恐懼，但品牌其實也是個安全的避難所。有關這一點，可由亞利桑那州大學（Arizona State University）的教授羅伯・席爾迪尼（Robert Cialdini）所列出的六個說服因素解釋一切：**互惠關係、一致品質、社會認同、資源擁有、喜愛和稀有性**。

大腦與社會之間的關係密不可分。嬰兒從出生就會凝視母親的雙眼，我們也會透過鏡像神經元來猜測他人的感受和想法；語言和藝術也全然是為了社群生活才有的發展，而且影響我們最深遠的記憶也與社會有關。儘管有些生物生來就適合過獨立生活，但人類本質上就是群體動物。

在現代西方社會裡，普遍都傾向建立人口密集的都市，且由都市人所建立的人際關係都較為短暫，並能快速發展出金錢關係；在這類型的新世界裡，品牌就成了**實際關係**的代表，並被西方都市人用來當作**社交信號**，用以找尋朋友和夥伴。iPhone 絕對不只是支手機而已，它是我們視覺感官上的好朋友，同時也可用來象徵社會地位。

動機主要可分為兩種：內在和外在。內在動機的生成源自於個人，跟外部報酬較無關連，譬如有人會受內心驅使而對某個議題、人事或地點感到好奇，不論符合邏輯與否；至於外在動機則是受到外部力量影響而產生，會迫使大眾去爭取社會認同。若深入研究動機心理學，你也會發現在「如何養育孩子」這個議題上，不論是透過外部的獎勵系統還是內部的自我原則，都能**誘發動機**讓孩子打掃房間。

這個理論也適用於品牌。當大眾對你品牌的類別產品具內在動機時，就比較容易讓他們選擇你的品牌，畢竟他們早就是該類別產品的愛好者，搞不好還偏好你的品牌呢！不過還是會有一些人，需要藉由外部動機才能促使他們選擇你的品牌，像是由具有內在動機的大眾所施加的社會

壓力，或是與金錢相關的事物。想要瞭解內外在動機的差異，想想看棒球選手的例子就好了：有些棒球選手打球是為了自己，因為這麼做能讓他感到快樂；但卻也有一些選手剛開始可能是為自己而打，最後卻變成為金錢和名聲。

現在讓我們來看看對你的品牌有內在動機的顧客吧！搞不好你早就幫他們取好名字了：重度使用者、狂熱粉絲和品牌忠誠者等等。這群人之所以選擇你的品牌是因其內心使然，而且你的品牌也在他們生活中扮演了重要角色，因此他們並不需要被獎勵。事實上研究也顯示：如果用虛擬貨幣、獎金或其他外部獎勵來獎勵他們，反而會適得其反；開始利用金錢來吸引他們會讓他們對產品產生疑慮，以為是假產品、仿冒品、劣質品或具危險性的產品。由此可見，如果你只將顧客視為消費者，並以傳統人口和心理狀態來區分他們，那你和部分最重要顧客之間的信任關係，可能就會受到影響。

▶ 微觀動機

品牌決策經濟學

當我們在探討動機理論時，絕對不能漏掉個體經濟學家的觀點，而品牌也為我們提供了五個經濟利益：

· 品牌是捷徑，可因此減少搜尋時間和麻煩。
· 品牌可提供品質一貫的產品，降低買到不良產品的機率。
· 當品牌達到經濟規模效益時，就能為顧客降低產品價格。
· 我們能享受品牌在社群中為我們提供的社會效用。
· 品牌能讓個人展現自我。

購買任何東西的行為，都與許多**細節差別**方面相關，但這些至今還有待瞭解。若以理性的經濟角度來看，通常省錢和不花錢才是合乎邏輯

的，但我們卻總是想要花錢；而現在也有諸多社會理論**聚焦**在解釋我們花錢的原因，其理論數量就跟自拍方式一樣，多不勝數。此外，品牌其實有助於經濟發展；反之，「經濟」同時也是獎勵品牌的方式。

產品和服務提供的實用價值與動機有直接關係。假設你現在要進城，且有交通工具能讓你更快到達那裡，但價格可能相對較高，這時你所做的決定就會把經濟因素納入考量範圍，不過我們最後普遍都還是會屈從於文化規範。騎腳踏車上下班可能需要多花 15 分鐘才能到達公司，但這樣就可以省去健身房的會員費用；不過這些理性「經濟」因素，還是得面臨滿身大汗抵達公司所造成的社交尷尬，而且經濟效益和社會現實之間的衝突每天都在上演。

品牌提供的實用價值讓我們有購買的理由，並說服自己聽從理性來選擇更好的產品，但即便我們會以理性來做篩選，卻不得不承認，我們始終還是會受到感性因素的驅使。行為經濟學的重點並不是在教導我們如何理性地做決策，反而著

思 | 維 | 實 | 驗

若有天這世上完全沒有任何品牌，那會變成什麼樣？

重於**檢視**人們**做決定的方式**,以及試圖解釋一切的行為;而根據最後結果顯示,我們的行為其實都不是非常合乎邏輯。

不過只有不瞭解這領域的旁觀者,才會認為這是不理性的行為。事實上,我們會建造一座沙堡來支持我們無法用理性來解釋的決定,而這座沙堡則是由一個個**較少被理解的行為**所建造而成,所以只要我們仔細研究其中原因,可能會發現就某種程度而言,這些行為終究還是出於理性。我們過去只是不太明白**人們一開始就解決的問題而已**,因此行為經濟學家才會希望將說服和動機合理化,進而用科學來解釋藝術。

> 當亞當・斯密和卡爾・馬克思 走進同間酒吧

顧客效用

經濟學之祖亞當・斯密(Adam Smith)為自由市場經濟奠定了基礎,接著卡爾・馬克思(Karl Heinrich Marx)又提出了社會主義理論,打破資本主義並建立無階級制度,難道你不會好奇當這兩人在酒吧相遇時,會不會打起來嗎?好吧,以當今這個充滿品牌的世界來說,馬克思絕對居於劣勢,而亞當・斯密也肯定能舉起蘇格蘭威士忌空罐往馬克思頭上一砸,因為他的「市場上看不見的手」概念能夠提供優質的顧客效用。

不過這兩人對「品牌具附加價值」這個觀點並不會有任何爭議,因為在 200 年前,品牌的概念才剛剛誕生,直到現在才發展成熟。社會主義制度的缺點就是缺乏競爭和創新,但也正因如此,大眾不會因為眾多選擇而感到負擔;其實他們基本上毫無選擇可言,且往往也沒什麼產品。至於自由市場經濟制度,不但具競爭和創新能力,還充滿了各種選擇;不過還是有其問題:需要品牌幫助大眾在這擁擠的市場中做出明智且安全的選擇,將顧客效用極大化。透過這些選擇,品牌就能取得規模並變得高效,進而降低生產成本和售價,同時提昇利潤;由此可見,品牌也有

一隻「看不見的手」,能夠帶領它們邁向三連勝的康莊大道。

想像一個沒有品牌的世界,就能真正明白品牌在我們經濟和社會中的力量了。在那個世界裡,沒有品牌名稱、標誌、繽紛多彩的包裝或廣告——只有原料和產品功效的基本描述,而購物肯定會變成重大考驗;因為你得一一評估你看到每樣產品的安全性和價值。沒有任何特別突出或可以識別的產品,也不會有製造商想要維持產品品質或創新,而且在缺乏經濟規模的情況下,生產成本和售價都會變高。這個虛構世界的運作,就跟古代露天市場或冷戰時期的共產國家俄國和中國一樣,產品不但少得可憐,就連品質都很低劣。

品牌其實是種無形經濟資產,用於**商品和服務**的交易之中(讓我們將此統稱為產品),而金融交易基本上可分為三個部分:(1)生產成本;(2)賣家所得扣除成本後得到的利潤;(3)買家扣除售價後得到的產品價值。不過除了檸檬水這類型的小產品,幾乎所有交易都沒那麼簡單。

品牌擁有者有了大批追隨者後,就能善用規模效益來降低生產成本、增加利潤,同時還能為顧客降低售價;你只要仔細想一下,就會覺得這其實也算是種奇蹟:人人似乎都能獲得好處。

然而,接下來的挑戰就是選擇正確品牌。世界上有超過三百萬個品牌,所以我們擁有很多選項,試想看看走在大賣場的走道上,想挑選一瓶洗髮精或體香劑這件事就知道了。光是選擇這件事都變成了一種壓力,更何況還要將品牌可能帶來的**地位焦慮**納入考量,這只會造成更大壓力而已。

有些人生來就喜歡規避冒險,且一旦找到滿意的產品,就不願意再嘗試,即便可能有更合適的產品;不過有些人則是喜歡冒險,願意當首批接納者,他們可能會從跟朋友炫耀獨特產品來獲得社會地位與愉悅感,並因此取得更高效用。

在當今這個以資本主義為主的自由市場上,品牌選擇及品牌可能象徵的社會地位變得越來越

電影產業的奇蹟

網飛（Netflix）成立時，電影出租影片上，才剛開始附上演職員表。網飛採用的影片出租策略不但直接將影片寄送到顧客家門口，也讓顧客在建立欲觀看的影片清單後，如期收到網飛寄來的出租影片；這種出租方式被大眾接納的速度快到——連其競爭者都還不願對自己或其股東承認。然而，網飛並未因此而感到滿足，反而進一步提供每月訂閱的影片串流服務，並在不久後又做了另一項突破，開始製作原創影片。若你手上持有網飛的股票，你就會發現在過去短短十年裡，該品牌已經從影片分享平台，變成了一個垂直整合的公司；不但能夠製作原創影片，還能向全世界提供影片分享平台。可見品牌跟人類一樣：不繼續向前邁進，就可能會面臨死亡。

重要；基於資本主義經濟市場千變萬化的本質，大眾現在會利用品牌來找尋社會地位、建立自我認同，並與某件事物發展長久關係。在這充滿選擇的世界裡，**欲望變成了需求**，而品牌則變成了**價值的象徵**；由此可見，即便現在許多品牌是以「解決社會階級問題」當作目標，但過去資本主義並未在這部份發揮太大作用，也因此才會讓馬克思主義有機可乘。

❯ 懸賞品牌

品牌價值

不論是公司財務長對你投資「品牌化」這件事感到好奇，或者是你需要銷售一個品牌，因為他人一直以你的名字進行銷售，所以你想要提告並申請賠償，甚至是你想要申請品牌許可證來販賣自產產品……在所有情況之下，你都必須先建立品牌價值。雖然這並不容易，因為技術上來說，品牌就只是政府頒布的一張許可證，但慶幸的是我們還是有方法可以辦到。

其中一個方法就是請經紀人籌辦一場拍賣會，讓市場來回答你的品牌價值。管理公司可能會以其公司內部標準來進行評估，或是藉由觀察股價和品牌相關新聞之間的關聯性來進一步計算品牌價值，而廣告公司則可能會以收視率來計算品牌價值；此外，你同樣也可以聘請估價師透過諸多技巧來估算，包括尋找市場上同類型，且已被發行或售出的品牌來當作評斷標準、量化管理公司預期可獲得的品牌產品利潤份額，或是預估重新建立既有品牌價值的所需成本。

品牌估價師也會問道：「以什麼時間為基準？為誰成立？基於什麼情況？採用什麼標準？有沒有參雜其他資產？」他可能還會針對「品牌」所包含的因素進行評估，像是商標、交易名稱、顧客關係、顧客清單與其他顧客資料、產品設計、產品原型、網域名稱，以及與品牌相關的承諾協議或保障權益。品牌估價師提出的問題勢必十分詳盡。

「你怎麼評估品牌？」這問題的答案大部分都會與第三方願意交易同類資產的金額及品牌未來現金收益有關，這其實也就是假定品牌擁有者預期的經濟效益，符合第三方願意為這些權利支付的價格和利率。沒錯，這真的相當複雜。

這接著又讓我們產生了另一個疑問：「品牌為什麼會有價值？」更甚者：「我們在衡量誰的價值？到底是品牌擁有者還是顧客，還是兩者皆是？」這個疑問一旦獲得解答，就能讓每個人更瞭解要如何衡量特定品牌的價值了。

身處在新興的海量數據世界，我們基於「時空」打造出來的模型，也提供了一個全新架構，用來探索品牌價值評估的新方法，而品牌價值的來源也日益明朗；我們將在下個章節中對此進行深入探討。

▶ 買一頭牛，
還是犧牲百分之二十三的奶量？
降低品牌價值的成本

另一種瞭解品牌價值的方式就是削減其價格，但在商品市場上，要降價到什麼程度才會打破品牌關係呢？現在就讓我們來比較幾個情境吧！在這些情境裡，當平價狀態產生時，大眾行為就有了變化。

舉例來說，假設精神航空（Spirit Airline）將把飛往洛杉磯（Los Angeles）的來回機票價格下調一百美金，賭你會因此選擇搭乘其航空，而不是你偏愛的達美航空（Delta Air Lines）。

你若曾與航空機票定價專家有所接觸，你就知道他們當中有一部分人絕對是行銷市場上心思最縝密的數學家（可能就僅次於保險精算師而已）；因為航空業的定價雖是以科學計算當作首要考量，但其運作卻是一門藝術。雖然航空公司的各種愚蠢競爭會模糊問題核心，但在這個例子中，你還是可以說達美航空控制了百分之三十一的溢價（意思跟與達美航空價格相比，精神航空提供了百分之二十四的價格折扣一樣）。

接著你再用這個例子與你簡單的交通工具汽油成本相比。猜猜看一加侖的汽油價格要到什麼程度才可能改變消費者行為？從一點九美元（2015 年 11 月的價格）漲到五點三美元呢？這就是知名的蓋洛普（Gallop）民調中，估算出能改變行為的所需價格。如果真是這樣，每加侖都得多花你三點四美元，或是得花上五十一美元才能加滿十五加侖的貨車。多付百分之三十四的錢，就是讓部分人選擇其他方式來節省油量的標準，但在上述航空例子中，精神航空是以百分之二十四的折扣來打賭你會改變消費行為。

現在我們就來針對行為改變做比較。以航空公司來講，只要在電腦前面，用滑鼠輕輕一點，就能選擇更好的機票價格，不過接著你就得忍受飛行品質和一切服務的期望也隨之打折的事實；對有些旅客來說，這種差別可能就跟去電影院看電影和坐在家裡沙發上觀看網飛一樣。但若是加油站加油的例子，這可能意味著生活方式會有小小改變（少開車、多走路，以及選擇搭乘飛機旅遊，而不是開車），或可能會為生活帶來巨大改變（買電子發動汽車、搭公車或騎腳踏車）。

雖然這些行為改變都起因於石油價格，但卻仍有如此大的差異，不過大眾在做這些決策時，其實跟做其他決定一樣，都是以感性出發。有些人會認為這種比較方式是拿蘋果和橘子比，但我們卻覺得這比較像是用哈伯太空望遠鏡（Hubble telescope）來對比一般眼鏡，畢竟這兩個情境背後的經濟結構大不相同，但兩者都讓我們聚焦在用價格來改變行為上。

思｜維｜實｜驗

如果航空公司像大賣場一樣同時列出各品牌產品價格，其定價策略會對顧客行
為造成什麼影響？

難以捉摸的品牌價值

沒有品牌的世界

行銷專家在回答「你怎麼評估品牌？」這問題時，可能會引用調查結果、市佔率和其他標準來衡量行銷人員口中的品牌權益——理論上與財務有間接關係的一個概念；而法律人士則會以反反壟斷法的智慧財產權所帶來的好處當作衡量標準；至於經濟學則是會透過總體經濟學和產業組織的觀點來評估，假定世界是由生產者和消費者建立而成，生產者試圖將**利潤**極大化，而消費者則追求**效用**極大化。

讓我們來談談這問題吧！但在此之前，請先回到沒有品牌的世界一下。過去蘇聯政府移除了所有產品品牌和品牌信仰，只留下祖國蘇聯這個品牌能認識和相信。現在若有任何國家能做到這種程度，那這國家肯定是受政府高度控管，且該國所有產品和服務定價就會等同於政府剝削後的成本價。當時不但由政府決定產品價格，就連產品名稱（即我們所謂的品牌名稱）也會歸政府所有；在這種情況下，產品名稱根本不重要，因為毫無價格之差，且即便有某項產品出現短缺，大眾也會被要求以其他產品來取代（衛生紙替代紙巾，或是慢跑鞋替代拖鞋）。

在當時的蘇聯，根本沒有動機去創新，且因為工廠經理可能會因生產量未符合配額而被槍決，所以儘管市場上需要大量的伏特加，他們還是只會生產少量的酒。這就是柏林圍牆（Berlin Wall）尚未被推倒前的社會狀況。然而，柏林圍牆一被推倒後，隨著俄羅斯人到美國旅遊，出現了大量的品牌需求，進而帶回了利惠（Levi's）和古馳（Gucci）等品牌。

想像沒有品牌的世界讓我們學到了什麼？即便沒有品牌，人們還是會購買產品，且顧客效用依舊存在，只是長時間下來，跟有品牌的世界相比，這樣的世界就顯得不那麼吸引人，因為沒有品牌和自由市場，就不會有創新，而品質低劣的產品價格還是會一樣高昂。品牌就是我們生活的一部分，這是無法改變的事實，且人類的 DNA 裡似乎也存有對社會地位的渴望；此外，當品牌和大眾在相同時空內相遇時，也會產生經濟價值，只是這個價值我們尚未清楚定義而已。

大眾會在收入、存款或可用信用額度的限制下購買和消費產品與服務，而生產者則會在成本考量下制定價格以追求最大利潤。大眾會注意並比較生產者們的產品和價格，因此隨著時間過去，生產者也會祭出策略來調整定價，以回應對手的價格，試圖藉此增加利潤；然而，如果競爭產品和服務都一樣且無法創造規模經濟，那品牌就不具重要性了。產品一旦沒有差別，品牌就不算真正存在，而缺少品牌和智慧財產權，也就不會有創新的動機。

這就是另一個思考沒有品牌世界的方式：沒有創新或可比較價格優勢的世界。有人說：「能發明的都已經發明了」——這說法不見得正確；而儘管大眾普遍認為這句話不是出於查爾斯・霍蘭德・杜爾（Charles Holland Duell），就是來自亨利、艾斯沃思（Henry Ellsworth）兩位美國專利商標局的前任委員，但事實證明，以上這兩位實際上都不太可能說過這種話。這句話所描述的世界是一個品牌沒辦法存活的地方，因為沒有新的創新產品或附加在產品上的生產者價值，品牌就無法存在。沒錯，品牌名稱，甚至是商標都還是會存在；但因為**沒有生產者增加新的效用**，所以**大眾還是只能根據價格進行決策**。

透過沒有品牌的世界這個對比例子，我們得出了幾個結論：（1）人類需要品牌的程度就跟需要其他同伴一樣高；（2）若品牌無法向顧客提供附加價值，品牌就會消失不見；（3）沒有品牌，就沒有創新或達到規模經濟效益的動機。

幸好我們未來不需要活在馬克斯打造的社會底下，且還有許多潛力可以繼續創新。

▶ 管她怎麼說，大小根本不重要

從大量行銷轉換成小量行銷

　　根據過去歷史，全國性品牌都是透過「大型廣告」預算來建立，導致許多公司企業內部普遍存有一種思想，認為建立全國性品牌需要相當高的成本；這對許多公司來說，根本是天方夜譚。然而，這個想法已經開始出現轉變了，而且未來也會繼續改變；因為有越來越多品牌的建立是透過設計吸引人的產品，以及善用社交網路、新媒體和網路來傳遞文字訊息──其中廣告只占了一小部分，甚至完全沒有。

　　簡單來說，就是要透過個人在某個時間點建立品牌，就跟建立關係一樣。由企業組織**提供**品牌價值，個人負責**接收**價值，然後品牌就會接著在這基本交流中誕生；這不但表示不論擁有多少顧客，品牌都會存在，也意味著若你能在建立品牌關係上少花點錢，你就可能擁有較強力的品牌產品。

　　以羅伯・史蒂芬斯（Robert Stephens）這個異類為例，身為 Geek Squad 創辦人的他說得最好：「想要變得平凡，那就得付廣告稅」，這句話到底是什麼意思呢？其實這句話有兩個意涵，第一，比起擁有大筆預算的品牌擁有者，擁有**想像力**的品牌擁有者反而比較可能取得成功；第二，**異類**最終會是統治世界的人。

　　品牌為公司和個人帶來的經濟價值都始於一場交易，而這個觀念的重要性需要經過審慎思考。在交易中，顧客若能選擇最適合他們的產品，品牌就能同時增加社會福利，最後整個顧客效用也會有所提升；至於品牌擁有者也能藉由提高價格並／或降低成本來增加生產者利潤，然後從這附加價值中取得一些好處。許多品牌擁有者都著眼於以下這一點：既有品牌擁有較多預算，因此擁有品牌優勢；但其實並非總是如此，有時這些品牌就只是比較大而已。

▶ 想搭車嗎？按一下就好

搭乘優步

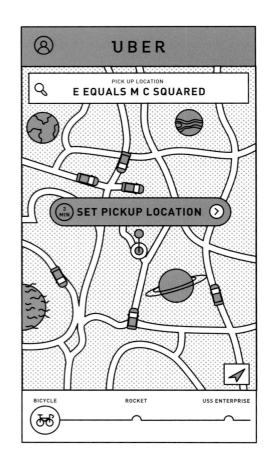

　　想想看大城市中汽車運輸業的經濟情況，其經營模式在過去 50 年裡一直沒有改變，就是讓顧客站在路邊並試圖吸引路過計程車的注意，而且不管從政府還是計程車業者的角度來看，當時這市場已經達到最高效率了，但其實這系統還是有不完善之處。如果你剛到一個新城市，不論是給小費的方式，或是不知道計程車司機是否載你繞了遠路，都可能會讓你感到焦慮不安，而且你如果參加過大型會議，就知道離開機場後看到超過一百人在等計程車會讓人多麼鬱悶。由此可見，對大眾來說，這個經濟系統並未達到最佳化或應付尖峰時刻的交通流量。

　　據說之前有一群有錢的美國人在傍晚時想要離開巴黎某個小鎮，但卻因為攔不到計程車便決

定在鎮上租車，而優步的誕生其實也是源自於此。

如果你不曾搭過優步，我們在這邊提供幾個重要體驗時刻，讓你瞭解造就優步現在擁有估計四百億美元品牌價值的原因。想要搭乘優步，只需要下載其手機應用程式即可；打開程式後會跳出一張地圖，上面有一輛輛緩慢移動的小小黑色汽車圖示，有點像任天堂（Nintendo）的遊戲介面；接著只要用你右手大拇指輕按「安排菁英優步」，就會馬上有車子前往你的所在位置。因為優步把實際位置與網路進行連結了，所以你只要輸入到達地點，優步司機就會去載你，並在你上車後將你載往目的地。優步司機其實跟一般計程車司機一樣，但卻比較愛乾淨、不會在車上抽菸，而且絕對開朗活潑。此外，因為優步已經將你的信用卡資料存入系統內，所以當你到達目的地後，只要下車就好，這點我們要再特別強調一次：你不需要拿出信用卡、現金支付車資，或在小單子上簽名，只要下車並繼續過你的生活，就這樣。

在你手機螢幕背後，其實還是有其他經濟組織像拉拖拉機一樣在對抗優步的擴張，包括工會和政府，因為你搭乘優步所付的費用並不包含稅金、工會會費或其他各種成本，但這些卻是過去 50 年來建立計程車系統所需的花費。如今你卻獲得了新的效用價值，優步也取得了其品牌價值；而利用外出時間開車當司機的人也越來越多，並因此獲得了經濟價值。這其實就是賽馬中的三連擊（trifecta）——對三方都具有經濟價值。

這全都要歸於兩個高度吸引人的時刻：第一，要求安排優步的那一刻；第二，只要說聲謝謝就能下車的那瞬間。前者就像打電動一樣，一切都可用手來操控（特別是右手大拇指）；而後者則是免去了文化規範帶來的焦慮感，你可能根本就沒意識到它的存在，且取而代之的是愉悅的體驗時刻。如果你曾搭過優步，你一定知道那是什麼感覺。

決定後的結果

優步背後

本書還在創作階段時，電影《美麗境界》（A Beautiful Mind）的原型人物暨諾貝爾獎得主，也就是經濟學家約翰・奈許（John Nash Jr.）就在一場計程車意外中命喪紐澤西（New Jersey）。正當一連串來自工會和政府的聲音質疑搭乘優步的安全性時，這位美麗境界主角與他的太太卻因計程車司機的過失，踏上了死亡之路。我們都非常敬愛約翰・奈許以及他對經濟學和數學的貢獻。

他所提出的奈許均衡（Nash equilibrium）為我們說明了生產者（品牌擁有者）在做決策的過程中，還會考慮到其競爭對手的決策。

想想看，當你坐在電腦前準備用滑鼠點購機票時，達美航空對你發揮了什麼影響力。該航空公司可能會說：「啊哈！原來與精神航空相比，我們的品牌體驗對你產生的效用價值至少有一百美金的溢價，那如果我們把價格提高到一百五十美元，來從你身上獲取更多價值呢？」其實你還是會選擇犧牲一點**消費者剩餘**（Consumer Surplus）並購買達美航空的機票，因為你覺得這個品牌值這個價。這時達美航空可能也會開始思考，精神航空會不會因為看到你沒買他們的帳，而再次將價格下調四十美元。若達美航空漲價，

思｜維｜實｜驗

我們的汽車品牌喜好，會因自動駕駛汽車的誕生出現什麼改變？誰又會去買法拉利（Ferrari）推出的自動駕駛汽車？

而精神航空降價，你要面對的價差就來到了一百九十美元；這時品牌這個**無形資產**就會變成有形的一百九十美元，而你也會回歸現實面，把滑鼠移到精神航空進行點購，不過這過程還是需要花點時間。如果達美航空正確預測了你對精神航空的回應並選擇不調漲，那就能贏得你的點購，這就是所謂的賽局平衡。

如果品牌擁有者要擔心的就只有價格問題，那他們的生活會簡單許多，很可惜他們還得面對其他挑戰；他們要在資訊不完善的情況下試圖猜測你的喜好，或是決定你是否是值得追求的顧客。他們同樣也要針對建立品牌的方式和地點進行投資決策，包括大眾媒體廣告、公共關係、社交媒體、直效接觸顧客、體驗設計、數位社交媒體，以及一連串正在成長中的媒體平台。如果你覺得太多選項讓你無所適從，那就想想看要多少因素才能讓品牌擁有者打動你，接著還要將不可預測的天性納入考量；如此一來就能為品牌擁有者歸結出一個簡單問題：我們要怎麼設計一個時刻來吸引顧客全部的注意力，並在他們腦中建立正面記憶？

> 與品牌擁有者共舞一曲？

從微觀看到巨觀，再看回微觀

不管你有沒有意識到，你其實已經上完第一學期的個體經濟學了，而消費者和生產者（個人和品牌擁有者）也還在共舞當中：建立理論、進行決策、觀察結果、改變決策、做更多決策等等。隨著大數據的增長，當我們在探討個體經濟學中的家庭決策時，也能讓你順道瞭解總體經濟學的，這就是買一送一。

我們之所以要從微觀看到巨觀，再看回微觀，其實就是因為在學習行為經濟學的過程中，我們看到了個人決策的「不理性」模型，而這個模型可解釋顧客購買衛生紙、折價品和幸運的愛心熊（Care Bears）等行為。

⊘ 太空食品？有夠狂！

Plum 有機食品
....

　　尼爾‧格里莫與他人一同創辦了 Plum 有機食品這個品牌，並在短短 6 年內取得了近四千一百萬美金的銷售額，之後才被金寶湯公司買下。雖然格里莫表示，他是基於想為自己的孩子們提供更好的食品，才成立這個品牌；但他與其團隊所提供的絕對不只是更健康、有機，或由更好配方製成的新型嬰兒食品而已，他們還重新設計了嬰兒、孩童及成人的消費過程；另外，他們的包裝設計不但好開，也不容易被弄破。

　　因為格里莫剛好學過產品設計，所以很懂得利用人性來做生意，他早年設計的「擁抱」機器就是一例，這機器基本上是件人人都可穿戴的背心，其功能就跟在 Facebook 上得到「讚」一樣，你能夠自行選擇發送虛擬擁抱的對象；可見格里莫並非嬰兒食品公司的典型創辦人，但最終還是在這領域發光發熱。

　　格里莫在講述食品公司的創立故事時，他將其產品開發速度與開發軟體相比擬：從紙上設計到實體公司只花了 3 個月。這是世界上最大的嬰兒食品公司，若你正從該公司某間辦公室的角落望向窗外，你會覺得很不真實，但這就是一名企業家成立公司的速度。我們之所以要以此當作例子，就是因為格里莫曾對時間要素下的「時刻」，以及 Plum 有機食品令人最難忘的「時刻」，都進行過觀察。

　　他首次有機會進行觀察是在寶寶反斗城（Babies "R" Us），當時格里莫決定要執行我們習慣稱為的「零售追蹤」，於是便開始觀察媽媽跟孩子一起購物的過程。

　　第一位媽媽拿起 Plum 有機食品的袋子時，大聲地對自己說：「好，太空食品」，然後將東西快速放回商品架上，格里莫說他當下心裡一陣恐慌，就像發了高燒一般。接著幾分鐘後又來了一位媽媽，同樣拿起了這個與眾不同的包裝，然後用格里莫也能聽到的音量對自己說：「嗯，這

尼爾‧格里莫（Neil Grimmer）在嬰兒食品市場上成功打造了 Plum 有機食品（Plum Organics），並刻意在你腦中留下了奇怪印象。設計時刻從不該被視為簡單、廉價或能快速達成的挑戰（雖然有時你可以做到三者中的兩個），而想要在媽媽和她肚子餓的寶寶其大腦中建立記憶，也絕對不是單單透過計算電腦數據和資料就能做到的事。

應該不錯」，接著便迅速打開了包裝，把東西遞給她的孩子，而她的孩子也開始從形狀像吸管的開口吸取食物，等孩子吃飽後，那位媽媽又開始往下個商品區走去。格里莫心裡的恐慌一飛而散，好似又看到了 Plum 有機食品這個品牌的光明未來；他見證了該年輕品牌的歷史時刻和設計時刻，而這設計時刻在未來還多次重複出現。

現在讓我們透過本章節所學到的概念回頭檢視這則故事。那位被格里莫的產品所吸引的媽媽之前肯定不認識這個品牌，但她兒時的記憶可能有助於她在思考上有所躍進；而根據她的年紀推斷，可以隨身攜帶的食物可能都是像冰棒或冰棍那種包裝。她只能靠包裝來說服自身，但在每袋價格僅一點三九美元的情況下，比她購買藍莓、梨子和紫胡蘿蔔所感知到的風險可能很小。

她對品牌管理者寶寶反斗城的信任也是其中因素，還有為了要在接下來 30 分鐘內好好採購預計要買的其他商品，她也會比較傾向於先餵飽孩子，讓孩子不要搗亂。此外，該產品的包裝設計，也傳遞了在這「好開又好拿的袋子」裡有優良蔬果的信號；加上「有機」一詞可能又提供了對孩子來說是有品質且安全的信號，以上因素都讓她在注意到該品牌不到 90 秒鐘的時間就決定購買。這些時刻就是格里莫專為她和她的小寶貝設計而成，不但讓她感到相當迷人、有價值，對格里莫剛成立的品牌來說也是如此。

還記得過往的美好嗎？不記得了。

結論

要成功打造品牌，建立深刻記憶只占一半的步驟而已，之後還要將記憶轉換成品牌能量，再透過品牌能量促進銷售、創造利潤和品牌價值。以上這些另一半步驟就是我們在第一章提到的雅各階梯。個人和品牌擁有者在做決定時就像在跳舞一般，只是他們跳的舞絕對不同於你從《傻瓜也學得會跳舞》（*Dancing for Dummies*）這類指南書上學到的舞蹈。若你有仔細閱讀本章節，甚至可能還標記了某些你認為最有趣的地方，那麼你可能已經對以下這幾個大觀念相當清楚：

1　雖然能量和效用都是相當抽象難解的概念，但卻有助於瞭解顧客行為。能量都是經過積累而成，並透過個人散播到社群，我們也知道品牌能量確實存在，只是就像愛和希格斯玻色子那樣，難以衡量罷了。

2　正負面體驗（時刻）產生時，可能會對品牌能量造成正負面影響。

3　個人使用的預期效用、體驗的社會效用、預期風險、價格、決定時耗費的時間成本，似乎都是影響個人購買動機的因素。

4　心理學家、經濟學家和其他專家都致力於釐清個人最終決定購買的過程，但顧客的決定卻經常顯得不太理性，導致研究困難重重。

5　從產品設計、品牌化投資項目到應付競爭對手的策略，都是品牌擁有者需要做決策的地方；要綜合品牌擁有者的決策和顧客的抉擇，才能決定創造出來的價值，以及品牌擁有者所持有的部分價值，亦即品牌價值。

6　不論是品牌擁有者、品牌管理者、社群還是個人，都會因未知性和隨機性影響決策。

08

系統 ＋ 價值

SYSTEMS + VALUE

認識美之前，必須先知道醜；認識品牌產品之前，必須先瞭解一般產品。因此在本章節中，我們將花點時間講述通用磨坊公司的 Big G 麥片和不具品牌知名度的一般食品公司。我們會透過軟體工具，一窺在時空狀態下建立品牌的內部機制，發掘出品牌為大眾和品牌擁有者傳遞價值的過程；其中因素包括金融界公認之會計準則、無形資產和品牌投資報酬率。（但以上這些是否有用，全取決於你的觀點）。你可能需要閱讀兩次本章節才能搞懂一切，沒關係，這其實也是提供給你一個好時機開始思考：是否要把本書當作生日禮物送給你公司的財務長。就算沒這打算，至少可在對方以大筆獎金獎勵你之後，以本書作為謝禮。

財務長就是妳的新閨蜜，跟她自拍一下吧！

行銷價值

以下是當今商業市場常發生的情節，不純屬虛構：妳的財務長琳達（Linda）就要來了。妳認得她雙腳踩著那細跟高跟鞋的聲音，也知道這位身高約一百八十公分的大人物，會為妳帶來財務上的威脅和痛苦；妳甚至也很清楚她為什麼要到妳的辦公室，所以當妳聽到走廊上她第一個腳步聲起，腸胃就開始不斷翻騰。即便妳已把欲達下個財政年度成長目標，所需的品牌化預算全都列在計畫案裡，妳還是知道她的到來絕對會為妳掀起一場腥風血雨。

接著她到了妳辦公室門口，不但連聲招呼也沒打，就連寒暄都省去，直接以質問且帶有偏見的語調說：「妳怎麼會覺得我會核准妳下個財政年度的行銷預算？」在過去 10 年裡，妳已經試過書上提到的所有說服技巧了，且現在也正在考慮，要不要重新使用根本無法讓財務長滿意的回答：「琳達，不先花點錢怎麼賺錢？」但妳知道，這句話聽起來肯定十分輕率無理，所以就猶豫了。於是她便將妳精心製作，且長達二十頁的計畫書丟在桌上，揚長而去，只留下計畫書上滿滿的問號；可惜那天雖然是星期五，卻早就過了跟朋友喝酒聚會的時間。

妳只好利用整個周末來更新妳的領英（LinkedIn）頁面，並埋首在妳翻爛的行銷教科書中，重新複習就讀研究所時學過的那些經典行銷擴散理論模型。妳相信絕對有更好的方式，可以告訴琳達這位「怕事的長官」，妳提出的預算要求具有潛在回報。在忙了一陣子後，妳拉了一些極客（geek）友人參與這項工作，由他們來處理龐大的統計和編碼資料；但基於資料實在太過雜亂，加上過去投資的時滯問題，導致每個時期的利潤分析困難重重；因此妳無法在可接受的統計信心水準下，向他人解釋行銷投資的好處。這些老舊的行銷擴散理論模型究竟出了什麼問題？

這下子妳又回到原點了：只知道行銷投資是值得去做的事，並想拉攏行銷長去要求執行長，讓執行長排除財務長（還有所有會計師）干涉行銷之事。然而到了周一稍晚妳趴在桌上休息時，卻在睡夢中對品牌如何獲得能量產生了一個全新想法：妳直覺性地認為其過程一定不同於過去；科技、文化和社群都出現了太多變化，所以這世上一定有新的理論模型，不是嗎？當然，就跟很多美夢一樣，正當妳準備拿出隨身碟存取那些公式時，有位實習生走了進來，把妳給叫醒了。

確實有一個新的擴散理論模型，且我們會在本章節對此進行探索，這其實就表示，故事中的女主角真的有辦法取得一些數據來改變琳達的決定；而在這過程中，最先要瞭解的就是利用微觀關係的數據來洞察巨觀關係。在此，我們會從深入案例分析開始；而該案例就是南達科他州（South Dakota）的小麥市場。

請多點真材實料

Big G 麥片與品牌價值

你已經咬牙學習了品牌、大腦、社交網路、視覺語言和其他複雜觀念，可能還在過程中邪惡地用剪刀「咔嚓」掉了不少書頁；因此你現在應該是在耐心等待我們給你大禮物，也就是回答你的問題：「如何把這些因素結合起來？」畢竟你

已經學到了許多品牌系統理論中，促使品牌推進的因素。然而，你若是作弊直接跳到這部份；我們還是歡迎你，希望你能享受這趟旅程。

我們接下來要揭開**歐若拉**的面紗，好好檢視這個結合數學、物理學和財政學的電腦模擬工具。雖然這項工具確實包含了幾個運用在製造火箭上的公式，但別擔心，這真的不是火箭學；且這當中許多公式早就被研究人員拿來應用在行銷學、經濟學、財政學、社交網路理論和其他領域。我們對此所做出的貢獻就是將所有大小齒輪、調節器和彈簧結合起來，建立一個**端至端**系統來說明品牌在時空狀態下的移動過程。

> 我們的「品牌系統」模擬，近期已被用來說明品牌可增添價值的原因；並可在經過校正與調整後，用來瞭解某個特定產業、類別和個人品牌。

對於我們品牌系統中的所有元素，我們相信你也認為是必要的，而且你也覺得這些元素，在巨觀系統內互動後會產生有趣結果。「雅各階梯模型」和「空間維度模型」就是其中兩個元素，且兩者皆涵蓋了大眾針對品牌擁有者的投資，所做出的個體行為；至於「記憶」和「品牌能量」，則是在時間下透過社群來分享，其結果包括以雅各階梯中最後幾階的巨觀行為（銷售、利潤和品牌價值）來顯示出品牌化的投資回報。

50 年前，品牌擁有者所能倚賴的就只有巨觀行為而已：投入廣告資金後，等待銷售和利潤是否能隨之產生，而且幾乎無法看出其中因果關係。這才讓廣告之父約翰・沃納梅克（John Wanamaker）表示：「我花在廣告上的費用有一半都石沉大海；重點是，我還搞不清楚究竟是哪一半。」過去操控市場那隻**看不見的手**實際上也真的完全看不見；然而，現在品牌擁有者卻可以藉由點擊流、社交媒體、銷售點、智慧型手機和其他手段來追蹤個體行為了。

天啊！好大一坨麵糰！
通用磨坊收購「品食樂」

為了介紹我們的品牌系統模型，我們會以食品品牌產業當作大概範例，並試著解釋市場評估各競爭者價值的方式，以及該產業中各品牌使用的不同手段如何增添價值。首先，我們會利用第二章最後的案例分析中，所提到的通用磨坊公司作為例子（請看 Wheaties 是金牌，為什麼？通用磨坊公司案例分析）。2000 年時，通用磨坊的總收益達六十七億美元，而其旗下 Big G 麥片所有品牌的銷售就占了總收益約百分之四十的比例，至於其他六十個百分比則屬金牌麵粉（Gold Medal Flour）、貝蒂妙廚蛋糕粉（Betty Crocker）和其他知名品牌共有。通用磨坊投入在像是工廠和存貨等有形資產上的資金約二十三億美元，但根據市場估計，該公司卻擁有高達大約一百四十億美元的資產價值（財務長琳達會將此稱為投資資本的市場價值〔Market Value of Investment Capital，簡稱 MVIC〕），是其有形資產帳面價值的六倍之多，為何會出現如此差異呢？如果只以該公司的工廠和存貨來做評估，因為部分地區地價上漲，且維修也能拉長設備使用期限，所以可能造成了約百分之二十五到五十的價值提升，實屬合理範圍。

但通用磨坊公司仍有大概十億美元的附加價值未被計算在內。好吧！更準確一點來講，基於該公司認購了 Lloyd's Barbeque、Small Planet Foods、優沛蕾（Yoplait）和其他品牌，因此有大約五千萬美元的價值，在通用磨坊的資產負債表上，是被當作**無形資產**來計算；然而，所有投資在 Big G 麥片品牌的資金，像是老虎伍茲（Tiger Woods）的贊助費用、廣播和電視廣告費用、促銷折扣等等，因為都已經發生了，所以全都算是支出費用。如此一來，對通用磨坊公司而言，在資產負債表上，Big G 麥片品牌並未為其

增添任何「價值」；不過令人匪夷所思的是，公司建立品牌後**不用**將其納入價值計算，但收購品牌卻要計入。

接著到了 2000 年中期，通用磨坊公司宣布將以一百億美元的金額，收購品食樂（Pillsbury）這間位於密西西比州另一端的磨坊公司，以此取得兩倍的銷售成績。這筆交易拖了 2 年才完成，通用磨坊公司還因反壟斷法賣掉了價值十億美元的有形資產，而之後管理公司也開始評估其認購資產價值。根據估計，品食樂的有形資產總價值為七億美元；而品牌資產在扣除遞延稅額後來到三十一億美元；至於商譽則有五十二億美元，所以無形資產的總價值為八十三億美元（品牌加商譽），是其有形資產價值的七倍以上。這個無形資產金額真的相當驚人。

由此可見，對有機品牌的擁有者來說，在其資產負債表上是看不到任何品牌價值的，但有機市場卻知道該品牌具有價值；而且比起用於製造和配送產品的有形資產，品牌可擁有多出好幾倍的價值。一般都認為，在以重工業為首的 1980 年代，無形資產的價值僅占總資產百分之二十的比例；但到了今日，美國擁有的總經濟資產價值中，卻有百分之八十，甚至以上，都來自無形資產，而華爾街基本上也屬於無形資產。此外，在品食樂的例子中，當該公司要被收購時，其總價值也有高達百分之九十二是來自無形資產；因此，我們就要接著來探討品牌價值與商譽這兩個議題。

● 品牌無法存活的地方
地下品牌世界

與通用磨坊這個食品品牌公司形成對比的是：負責買賣和加工小麥、大豆、玉米和其他主要食品的一般食品公司。在該環境下，所有競爭者販賣的產品都一樣，並使用相同的評比制度，所以競爭者們提供的產品並無品質差異，只有價格和可用性這兩個考量因素而已。

在這個**無品牌**的世界裡，生產者依然取得銷售及利潤，而顧客同樣也能從買麵粉或玉米油中獲得效用；但因為顧客在乎的就只有價格而已，所以根本不需要紀錄他們上星期購買的是哪家公司的產品。這其實就是我們之前做過思維實驗的實際應用，可歸結出顧客**沒有記憶就沒有品牌**這個結論；而阿徹丹尼爾斯米德蘭（Archer Daniels Midland, ADM）和邦基集團（Bunge）這兩間上市公司，就是這類型的食品公司之實際例子。根據股票市場評估，比起其有形資產的帳面價值，這兩間公司的總資產價值大約才高於一到一點五倍而已，可見兩者的品牌價值極小，甚至根本就不存在，而大眾也無需記得無品牌價值的品牌。

塞內卡食品公司（Seneca Foods）則是透過將蔬果加工成罐裝、瓶裝和冷凍產品來進一步加強其食物供應鏈，且其半數以上的銷售都是以私有品牌產品（即一般）形式賣給大賣場這類型的零售商。根據塞內卡食品公司官網（SenecaFood.com）指出，該公司的銷售有百分之十三是源自於作為通用磨坊公司旗下品牌綠巨人（Green Giant）的合約製造商，而像是 Libby 這類型的塞內卡私有品牌的銷售，則僅占總銷售百分之十二的比例。此外，在過去 10 年裡，市場對塞內卡這個品牌的價值評估，是其有形資產帳面價值的一倍以下，可見市場認為該公司僅擁有一點點或根本沒有品牌資產。

那麼為何通用磨坊公司旗下的品牌擁有品牌價值呢？根據他們提交給證券交易委員會（Securities and Exchange Commission）的年度申報文件寫道：

> 我們的品牌之所以具有價值，有很大一部分是因為消費者對這些品牌有正面反應和回應，但仍許多因素能讓品牌價值大受損害，包括消費者察覺到品牌不負責任的行為、產品的負面宣傳、公司未維持產品品質，甚至是產品無法持續為消費者帶來正面體驗、食安問題，還有消費者無法取得公司產品。

通用磨坊公司認為：「品質一致」和「安全問題」是食品市場區隔品牌價值的兩大關鍵。先前美國財務會計標準委員會（Financial Accounting Standards Board）的前任委員愛德華・特洛特（Edward Trott）也曾在 2015 年 5 月發行的《財務長》（CFO）雜誌中提到這個想法：「當你打開喜瑞爾麥片的盒子時，你知道你該期待什麼，且這種一致性是讓喜瑞爾這個品牌如此有價值的原因之一。」而我們在第七章也講過，品牌可以透過許多方式向顧客提供價值，「降低風險」就是其中之一。多虧了通用磨坊公司，我們才能讓將此觀念深植在本書讀者和你的投資者的腦海中，真是感激不盡。

品牌可透過很多方法來降低風險：當顧客找到**符合**他內心取向的產品時，品牌可指引顧客去**重複**正面體驗，也可以讓顧客記住他使用各種品牌的體驗；並利用這些記憶，來避免再度購買不符合他內心取向和品質標準的品牌產品。

最後，基於品牌產品的品質一致，那些偏好**風險規避**的顧客，可從社群中較不在乎風險的成員身上得知品牌體驗結果，並藉此避開風險；不過每個人能承受的風險程度都不一樣，且對於不同類型的產品，也會有不同的風險容忍標準。舉例來說：大眾對於衛生紙的品質容忍度普遍較高，但對於心律調節器就不太能承受品質風險。

▶ 慢慢散熱
一窺歐若拉內部結構

「歐若拉」電腦系統可經由先進公式，來計算數十種不同品牌變數，並藉此建構現在和未來情境的模型；比起當今其他品牌研究通常會採用的變數，我們在歐若拉系統中使用的變數更為多樣，並與本書內容緊緊相連。

然而，因為沒有任何品牌情況完全相同，所以你必須使用現有的最佳佐證，來發展品牌化策略和評估品牌價值。如果只採用單個一般公式或內部藏有資料的「黑盒子」模型，不但會對結果

圖 8.1 歐若拉儀表板

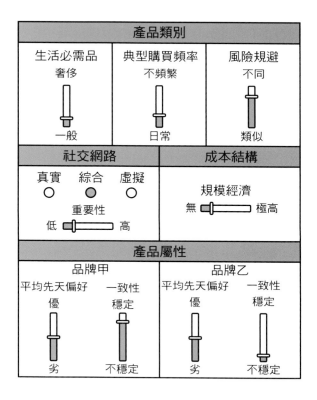

歐若拉儀表板指出，會「影響」品牌增添價值能力的品牌產業環境。

造成限制，還會影響其告知的品牌化策略或評估品牌價值的適用性；因此需要開放式的系統。而歐若拉這個系統就能清楚顯示且公開變數、假定和公式。

基於空間會在時間內移動，因此歐若拉系統根據在空間內進行的互動，所提供的近期計算結果也可隨時間前進；就像一個能透過數千或數萬次的模擬實驗，將時間重複播放的**動態系統**。

此外，由於品牌的購買是由人類負責進行，因此我們的模擬基礎都是以「個人屬性」和「決定」當作出發點。

為了我們首次深入一睹歐若拉的內部，我們

會利用顯示在圖 8.1 的儀表板，而該儀表板上呈現的是通用磨坊品牌產品和「塞內卡」即一般產品之間的控制元素，我們也會從中選擇幾個關鍵屬性來說明降低風險的好處。我們其實已經辨識出各式各樣的潛在控制因素，其中有許多都能在某個產業引出品牌價值，但卻不見得適用於另一個產業；因為每個人的品牌喜好大不相同，所以我們相信品牌價值的來源也會有所差異，並取決於品牌本身。

圖中顯示的品牌甲代表食品品牌公司，而品牌乙則是一般食品業者。從該圖中可以看出，顧客對這類型產品的風險趨避程度大不相同，部分顧客高度重視品質，但部份顧客較不關心；而該產品類型也屬於頻繁性購買商品，並非偶一為之的奢侈品；至於社群則包括真實和虛擬社交網路，不過社交網路在消費過程中發揮的影響力相當低。即使社群依然能分享體驗資訊，但在消費產品時，其對個人體驗效用造成的影響幾乎為零，就算 Wheaties 這個品牌傳遞了選擇這品牌的人都與「冠軍」一夥的信號，還是沒什麼差別。

在成本結構上，品牌甲乙的製造和配銷花費相當類似，且我們也可從圖中下方表格看出，雖然大眾對各個品牌的喜好程度不一，但消費各品牌時，從感官體驗獲得的平均顧客效用卻完全相同，不過品牌產品在品質表現上較具一致性。接著，另一組設定模式又讓我們得以指出，兩者針對品牌化投資會做的決策類型；品牌產品會從事品牌化活動，但一般產品公司不會。

配合這些控制元素，我們還分配了**價值**給系統中的每位模擬個體，包括個人對各品牌的內心偏好、對風險的敏感度，以及與他人的連結力量，也就是所謂的社群效果。該模擬實驗是從品牌擁有者進行品牌化投資開始，接著再根據前幾期收集到的資訊訂定當期產品價格，試圖將利潤極大化。

之後大眾也會啟動信任光圈，封鎖部分透過品牌投資所傳送進來的能量，然後再針對他們對各品牌的瞭解與各品牌的感知風險進行衡量（這時還不能稱為品牌），並選擇他們預期會在訂定價格下給出最大效用的產品。各品牌的感知風險與預期產品品質有關，而在首次品牌體驗前，顧客並不完全清楚自身對該品牌的內心喜好；這也是影響感知風險的因素之一。

一旦顧客透過購買和體驗品牌開始累積品牌體驗，就能從一系列的產品體驗效用看出未來購買決策；如果是正面累積體驗，就能建立對品牌擁有者的信任，如此一來大眾對該品牌擁有者發送的信號的信任光圈會擴大，並讓這些信號發揮更大影響力。接著品牌擁有者發覺其定價策略帶來的驚人銷售數字後，下次就會制定出更好價格來促使利潤最大化，並在銷售量提昇可降低固定成本的情況下，變得更加有利可圖。

「品牌能量」在本模型中扮演的角色和內燃機中的石油一樣，都是主要推手。一開始品牌化投資透過增加預期效用和降低預期風險，所產生的效果會幫助注入品牌能量，而若這些預期促成了購買行為，顧客就會知道體驗的感覺；若這體驗符合或超乎預期，品牌能量就會再度擴大；同樣地，大眾和社群成員也會彼此分享能量。從我們的模型就可看出：品牌體驗是產生最多能量的環節；亦即「中心見解」。

倘若社群成員認為新品牌優於舊品牌，他們就會開始向他人推薦新品牌，這時品牌能量也會跟著增加，但在每個時期的最後，基於感官記憶進入半衰期，顧客也會失去部分品牌記憶。我們會重複這過程許多次，直到整個系統進入一個各品牌擁有者的市佔率、價格、利潤和品牌價值都呈現穩定的狀態。

由於個人體驗具**隨機性**，所以每個以既定產品類型所設定的情境最終都會產生些微差異，但假設我們用與原先相同的設定來重複進行數千或數萬遍的情境實驗，還是可以量化平均值和結果範圍。如果每個企業家都可以過著電影《今天暫時停止》（*Groundhog Day*）中比爾・莫瑞（Bill Murray）所擁有的生活，就可以多次重複打造品

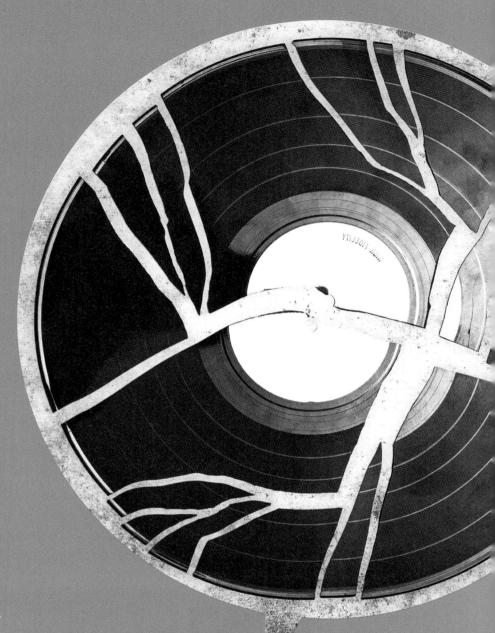

思｜維｜實｜驗

若所有購買你的類別產品之顧客都瞬間失憶，
這會對你的策略造成什麼改變？

牌的過程，從中找到品牌擁有者和品牌經理所要面臨的真實風險了；但不幸地是，物理學家和社會科學家並不一樣，對我們來說，重複實驗根本是種奢侈。因此，我們真正的目的是要建立一個模型，藉此建構一個符合我們所見的情境；並透過探索其他情境，深入觀察其他可能性。

歐若拉是個以一般概念關係建立的電腦模擬系統，需要透過許多方程式的參數和形式假設才能運作，雖然在過程中我們參考了學術文獻和實證研究，仍有些部分需要更進一步研究。此外，每個公式可能也只適用於特定品牌或產品類型，因此可能會有嚴重副作用產生；如果你在這過程中因過度開心或興奮而頭暈或心悸，請盡速聯絡家庭醫師。

❯ 哈囉！迷人的數據資料
新擴散理論模型

圖 8.2 是食品品牌和一般食品多次模擬實驗結果的概況：多數實驗結果指出，最終穩定狀態的品牌產品其市佔率達百分之八十四左右，不但對市場貢獻了百分之七十七的銷售量，還控制了百分之二十六的溢價比例。2015 年時，資料研究機構也曾針對消費性包裝產業做過調查，結果顯示在消費性包裝產品市場上，全國性品牌平均有百分之八十三的市佔率，與一般產品相比，控制了百分之二十四的溢價水平，與上述實驗結果不謀而合。由此可見，歐若拉系統可幫助我們解釋產生此結果的原因。

其實我們還可以透過**強制刪除**前期到下一期品牌記憶，獲得更多無品牌世界的極端模擬情境；在那樣的世界裡，儘管品牌甲從事品牌化投資，其所能擁有的市佔率還是會掉到百分之五十，並喪失控制溢價的能力。

接著就會如我們所料，各公司開始大打價格戰，盡可能壓低價格和犧牲利潤，只求能回收有形資產該取得的報酬，可見在建立品牌的過程中，製造時刻和記憶多麼重要。

現在再回到食品品牌和一般食品共存的世界來進行討論。圖 8.3 顯示各產品的最終售價與一般物價、銷售成本、品牌化投資和利潤之間的比對；值得注意的是：一般產品其實也算是一個品牌，所以比起無記憶產品，其售價和利潤還是相對較高。

圖 8.4 顯示了在長時間下，品牌產品和一般產品所取得的市佔率，且基於這時市場已呈現穩定狀態，我們就可以在到達最終階段後，計算稅後利潤和現金流量，這也意味著我們能在模擬實驗的最後評估品牌價值。至於圖 8.5 則是用琳達這樣的財務長得以理解的方式，所呈現的會計和評估結果。

請用力鼓掌一下：品牌產品價值是其用於生產產品的有形資產價值的**九倍**以上，而我們的典型例子——通用磨坊公司，也有和實驗結果相似的價值；2014 年年底時，市場評估通用磨坊的品牌價值是其有形資產價值的八點六倍，也就是說，該公司擁有的無形資產價值高達將近四百億美元。

然而，無記憶世界的實驗結果指出，無品牌產品價值等同於其有形資產價值，而一般「品牌」產品所擁有的價值則是其有形資產價值的四倍，可見一般產品還是有一些無形資產價值，因為有些人發現他們會基於價格較低、對風險或內心取向較不敏感等因素，而偏好一般產品。

❯ 進行品牌化投資，直到收益遞減
注入多少資金？

你會發現一般產品並未進行任何品牌化投資，所以我們如果重新進行實驗，並將品牌產品的投資設定為零，我們就能獨立出在有行銷投資的情境下，品牌化為最終品牌價值帶來的好處。在無品牌化投資的情況下，只要顧客試用過並重複購買品牌產品，還是能發現其具有品質一致性，因此品牌能量還是可以透過大眾口耳相傳而傳播到整個社群；這基本上就是所謂的免費打廣

圖 8.2 價格溢價 & 市場占有率

523 次模擬

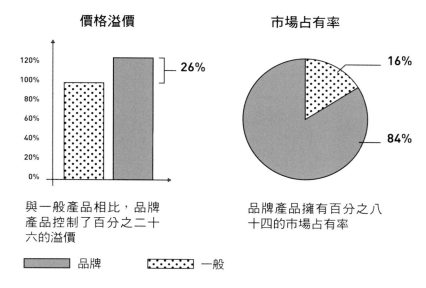

價格溢價

與一般產品相比，品牌產品控制了百分之二十六的溢價

市場占有率

品牌產品擁有百分之八十四的市場占有率

■ 品牌　　▦ 一般

此次模擬實驗顯示：品牌產品在一致性上的表現較為優異，因此擁有價格溢價和較高的市佔率。圖中數字為經 523 次模擬實驗後，所得到的平均結果；但基於隨機性、病毒式行為和其他因素，各模擬實驗結果都會有所差異。

圖 8.3 成本因素

523 次模擬

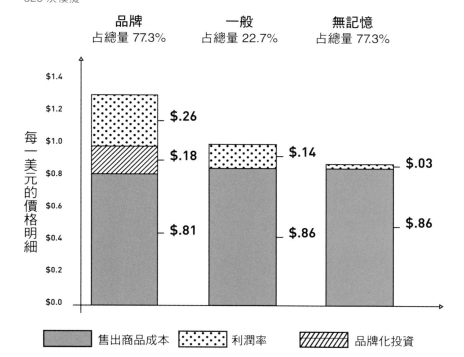

品牌 占總量 77.3%　　**一般** 占總量 22.7%　　**無記憶** 占總量 77.3%

每一美元的價格明細

- $.26
- $.18
- $.81
- $.14
- $.86
- $.03
- $.86

■ 售出商品成本　　▦ 利潤率　　▨ 品牌化投資

與一般品牌相比，品牌產品進行品牌化投資後，因產品價格提昇、成本降低，因此其獲得利潤仍高於投資資本；相反地，其競爭者無記憶產品所獲得的利潤，就只有用於製造和配銷產品的有形資產所要求的必要回報。

圖 8.4 平均市場占有率

523 次模擬

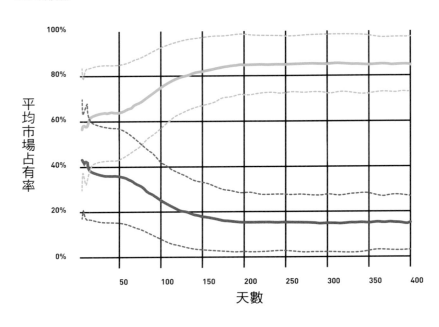

平均市場占有率 (y軸)

天數 (x軸): 50 100 150 200 250 300 350 400

———— 一般　　　———— 品牌

*虛線代表從平均值加或減一個標準差

在品牌產品和一般產品的競爭中，品牌產品可迅速取得壓倒性的市佔率，但基於產品品質的隨機性和其他因素，各模擬實驗中取得市佔率的時間路徑都會有所差異。模擬實驗中採用的隨機抽樣產品，為一萬名模擬個體各自買下的第一個產品；而圖中顯示的中間時間路徑即所有變數之總結；至於本圖呈現的則是品牌在時空狀態下所經歷的時間維度。

圖 8.5 有形資產乘數

有形資產投資資本的市場價值比率

	品牌	一般	無記憶
收益	$1.26	$1.00	$0.89
稅後利潤率	14.5%	9.5%	2.2%
稅後利潤	$0.18	$0.09	$0.02
隱性投資資本的市場價值	$4.67	$2.15	$0.45
投資資本的市場價值／有形資產	9.3X	4.3X	0.9X

品牌公司的價值是其有形資產價值的九倍以上，通用磨坊公司也有類似的數據；而一般產品公司的價值也比無記憶產品公司高，因為有些人就是喜歡普通產品。猜猜看是哪些人吧！

告，並在實驗中被當作品牌擁有者所進行的投資。此外，就某程度來說，只要有人出於真心愛好「一般」品牌產品，這種免費品牌化投資的現象，也會出現在該產品上。

在品牌擁有者未從事品牌化投資的世界裡，品牌甲的穩定市佔率會剩百分之七十三，控制溢價則是掉到百分之五；雖然品牌甲省去了品牌化投資的支出，但相較起來，其在產品價格和市佔率的損失更大，因此每期總利潤都降低了四十八個百分比。相反地，如果只看穩定的品牌投資和最終的利潤增加比例，我們就會發現該投資具百分之五十七的投資報酬率。

沒錯，我們知道你現在一定在想，如果加倍投資？是否能取得雙倍穩定報酬？有沒有一個極端情況是當行銷投資已經成功轉換成近百分之百的銷售，但品牌甲的損益表卻呈現虧損狀態？

圖 8.6 所顯示的就是品牌進行品牌化投資後，其得到報酬從零到負報酬的過程，且該圖也顯示出：其實有所謂的「最佳行銷投資水平」；而超過該水平後，若再持續注入資金，就會像把錢丟進馬桶沖掉一樣，一去不復返。

另一個品牌化投資效果的說明，就要從無品牌投資產品講起，接著再講述其進入穩定狀態後，僅做短期投資會造成的效果，這就叫做「單一行銷投資脈衝」。

圖 8.7 就是實驗結果。對（甲）單一脈衝造成的立即回應是（乙）能量增加，促使新顧客進行首次購買、重複體驗，並發現品牌甲的產品擁有較高的品質一致性，接著品牌能量會散播到這些開心的新顧客其社群。

品牌能量會慢慢帶來銷售、（丙）價格和（丁）利潤的增長，且最終會永遠高於無品牌投資的情況。這兩種情況的差異，說明了單一行銷投資的報酬；若以系統論的術語來講，這就叫脈衝響應函數。不過在市場上，單次品牌投資脈衝並非最佳選項。

圖 8.6　投資最佳水平

品牌化投資後的利潤增長百分比

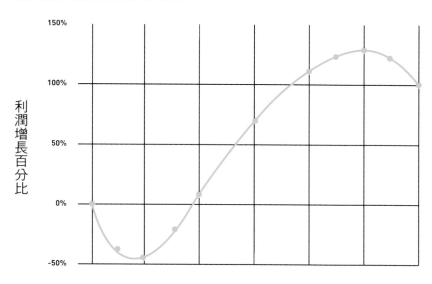

利潤增長百分比

品牌化投資

千萬別以為這是耐吉（Nike）的勾勾標誌，圖中顯示的是品牌化投資程度與其收益的相關性；雖然低程度的投資無法激起顧客反應，但還是能持續注入資金；曲線的高峰點就是取得利潤最大化的投資程度。此後若再持續投資，就會出現賠了夫人又折兵的現象。

圖 8.7 品牌脈衝響應

100 次模擬

甲：品牌能量投資

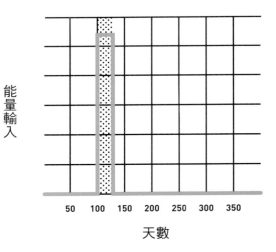

丙：價格增長

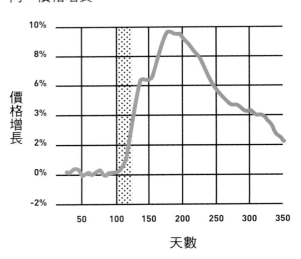

乙：總品牌能量

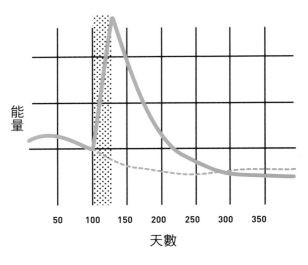

丁：期間利潤增長

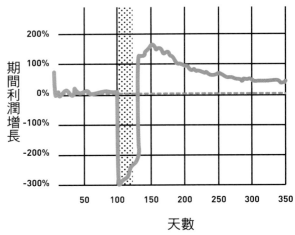

- - - - - - 無品牌化投資　　　━━━━ 品牌投資脈衝

單一品牌投資脈衝（甲）的效果能提昇品牌能量（乙），接著品牌能量會再度緩慢衰減；而當能量到達高峰時，品牌擁有者就可在不損失過多銷售量的情況下暫時提昇價格（丙）來追求利潤最大化，且有些利潤增長會持續到模擬實驗時間結束（丁）。

▶ 沒有完美狀態

走向光譜另一端，然後折返

當顧客購買產品時，其得到的效用和付出金額之間的差異，就叫**消費者剩餘**；也就是說，儘管有些顧客願意多付點錢來購買品牌產品，但因生產者必須為全部顧客制定單一價格，那些願意多付點錢的人所保有的價差，就是消費者剩餘；而品牌擁有者的利潤和消費者剩餘的總和，則稱為**社會福利**。

當我們在無記憶品牌產品實驗中，將記憶和品牌這兩個因素加進去，總社會福利會跟著提昇；然而，基於在品牌產品實驗裡，社會福利已有所增加，因此品牌的存在，所具有的是附加價值，不過品牌擁有者只能獲得一小部分。若這些品牌擁有者能為不同顧客制定不同的產品價格，就像航空公司根據機艙收取費用一樣，他們就能在整體社會福利中占有較大份額。

同樣地，我們也可以拿品牌產品和一般產品的競爭實驗，思考一下在所有競爭者都能取得完整資訊的狀態下會發生什麼情況。在缺乏完整資訊的情況下，品牌擁有者和大眾都會試圖找出理想價格下的理想產品，但無法避免的是，基於風險規避問題，仍會有部分大眾傾向於維持過去選擇，而非將所有品牌都嘗試過一遍，因此無法找到最適合自身的品牌；品牌同樣也可能會因為訂定錯誤價格或目標顧客而錯失部分狂熱粉絲。不過在此模擬實驗中，我們就跟神一樣可以掌握一切；如果每個人都握有完整資訊，我們就能知道每位顧客的品牌喜好，以及每位品牌擁有者的訂價和市佔率。這不但提供了我們一個潛在品牌價值的基準，也可用來對比缺乏完整資訊的世界中，每位品牌擁有者的品牌化投資策略和最終品牌價值。

以擁有完整資訊作為前提，在食品品牌與一般食品共存的世界裡，品牌甲會有百分之九十五的市佔率，並控制了百分之二十一的溢價，還有二百三十八億的品牌價值；這也就表示，在圖

8.5 中，品牌甲在缺乏市場完整資訊的情況下所擁有的四十六點七億美元的價值，其實只達其潛在價值百分之二十的程度而已。此外，透過模擬實驗應用程式來對比潛在和實際品牌價值，其實是個令人興奮不已的全新應用。

現在讓我們來想想看不同的品牌化策略。我們假設品牌甲現在不保持一定程度的行銷投資，反而先在三十個期間（天數）注入比前期多兩倍的品牌化能量，並在下個月停止注入，以便維持投資金額，如圖 8.8 顯示。

比起保持一定程度的投資，這個策略反而讓品牌甲的價值增加了百分之五十五。這種脈衝投資策略的有效性在廣告界已是眾所皆知的現象，且學者們也曾利用冷凍食品這個產品類別的實際銷售點數據，來進行該現象的統計分析。他們的研究結果將脈衝投資效果，歸因於廣告對未來產生的延續效應（亦即記憶），以及顧客效用函數的假定曲線；且這個策略可能也適用於後現代品牌廣告領域。

脈衝投資策略可能還造成了另一個小結果，那就是在擁有完整資訊的情況下，潛在價值略有提昇；這也是因為我們的模擬實驗已經設定，每個人當次預估的效用，會部分取決於品牌能量自前一期以來的改變。基於品牌化投資會將能量注入系統，所以記憶的衰退過程會變得更加緩慢，進而讓顧客更加相信：比起先前體驗，下次一定會更好。雖然這聽起來似乎不太理性，但已經有證據可以支持這個樂觀偏見的論點；就如我們在第六章探討過的，大眾對未來普遍樂觀。這或許也部分說明了像可口可樂這類型的全球品牌，還是得從事品牌推廣活動的原因。又或許經過更進一步的研究，能夠找出比我們使用在這個實驗中更複雜的品牌能量和預期效用關係。

現在，若一般品牌乙也開始進行品牌化投資，並同樣採用單一脈衝策略，結果會怎樣呢？

如圖 8.9 顯示，品牌乙參與品牌化投資競爭後，品牌甲的廣告策略效果有部分被瓜分掉了，最終市佔率從百分之八十以上，降到略高於百分

圖 8.8 歐若拉儀表板

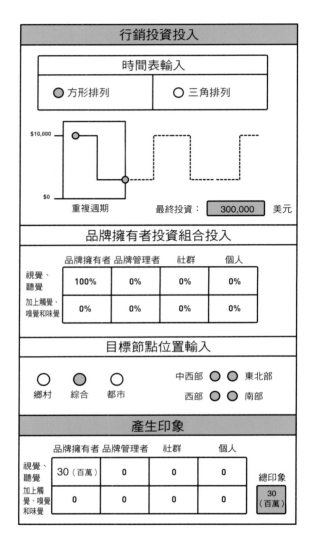

行銷投資投入

時間表輸入

- ● 方形排列
- ○ 三角排列

（圖表）$10,000 ... $0
重複週期　　最終投資：300,000 美元

品牌擁有者投資組合投入

	品牌擁有者	品牌管理者	社群	個人
視覺、聽覺	100%	0%	0%	0%
加上觸覺、嗅覺和味覺	0%	0%	0%	0%

目標節點位置輸入

- ○ 鄉村　● 綜合　○ 都市
- 中西部 ● ○ 東北部
- 西部 ○ ○ 南部

產生印象

	品牌擁有者	品牌管理者	社群	個人	
視覺、聽覺	30（百萬）	0	0	0	總印象
加上觸覺、嗅覺和味覺	0	0	0	0	30（百萬）

歐若拉儀表板讓品牌擁有者得在時空狀態下訂定品牌投資策略，但現在我們只以大眾媒體品牌廣告為主，其中所有投資都來自品牌擁有者，並透過電視廣告轉換成了視覺和聽覺感官信號。此外，這也被假定為一個容易接近且接受度高的市場。

之六十。

你是否能在品牌化投資上取得成功，其實是取決於其他品牌所選擇的策略；也正因如此，整個市場競爭才會變得如此迷人。為了找出最佳投資水平，你可以聘請數學專家來計算賽局平衡公式；但同時你也要考慮到，你能做的，其他競爭者也可以；而你若不想花錢雇用專員，那就試試看強硬的軍事策略吧！希望你能成功將其他對手唬得一愣一愣的。

▶ 成熟市場的秘密大門
新能量棒品牌

在食品品牌產業裡，新品牌要如何成功進入成熟市場，與那些資本高達十億美元的大公司競爭呢？就算真能找到進入市場的秘密通道，其成功機率還是很小。我們此刻在討論的就是第三章提到的例子——KIND Health Snacks 公司的 KIND Bar 能量棒；而該公司成立的社會宗旨即是「讓世界變得更友善」。為了回答這個問題，在品牌甲和品牌乙都在市場取得穩固地位後，我們將品牌丙加進了歐若拉系統中的食品品牌和一般食品的競爭世界，並設定品牌丙平均具有較高的內心偏好、產品品質、成本和社會訴求。此外，基於 KIND 公司打造出來的「不是只追求利潤」的企業形象，因此我們同樣也把品牌丙對社會的重要程度提高。

KIND 發起的社群活動不單將重點擺在獎勵他人做善事，還傳遞了購買 KIND 產品就是在幫助社群的訊息，進而增加了顧客的體驗效用。在這些活動中，該公司向大眾發送了免費試吃品，且根據 KIND 的創辦人丹尼爾·盧貝斯基宣稱，有九成免費試吃過 KIND Bar 能量棒的人會就此愛上這個產品，而關於嗅覺和味覺的大腦研究也支持這個觀點。KIND 簡單乾淨的包裝、免費試吃品和活動都能刺激大眾的觸覺、味覺和味覺；所以為了要建立符合它的模擬品牌，我們就透過歐若拉系統將品牌丙的品牌化投資設定成能觸及

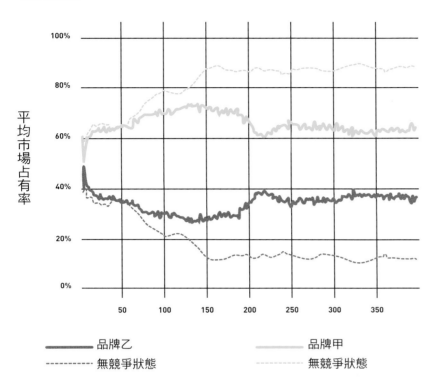

圖 8.9　品牌競爭下的市場占有率

532 次模擬

平均市場占有率

100%
80%
60%
40%
20%
0%

50　100　150　200　250　300　350

—— 品牌乙　　　　　　　　—— 品牌甲
------- 無競爭狀態　　　　　------- 無競爭狀態

透過注入資金進行品牌打造活動，圖 8.4 的一般產品在這裡轉變成了品牌產品（品牌乙），因此瓜分了品牌甲的市佔率。據此得出結論：品牌甲的行銷投資結果取決於其競爭者的決策。

所有感官，且絕大多數的投資都是直接針對社群和個人。

我們把品牌丙進行的一定程度的連續品牌投資，設定在比品牌甲高出百分之十五的比例，但其實多數新進品牌幾乎不可能有資本從事如此規模的投資；且因為 KIND 未公開過其財務收益，所以我們也得在說明實驗中自行假設其財務狀況。大略以實際數值為基礎，我們的儀表板根據每次投資投入活動的價格表，將總預算分成了多個品牌投資投入活動。而以其資金作為條件的情況下，比起品牌甲根據廣告投資策略所進行的投資次數，品牌丙每期所進行的總投資次數反而比較少，因為比起全國性廣告，直接與特定顧客互動的成本較為高昂；不過這種投資的產生的效果

比較好，因為大眾比較願意相信自身體驗及透過社群接收到的品牌能量，而不是距離遙遠的品牌，透過廣告承諾傳送的品牌能量。

圖 8.10 顯示在歐若拉系統中，品牌丙成功進入市場的特定情況下所產生的結果。

品牌丙進入市場不久後（第 300 天），其銷售增長仍然十分緩慢。這就是市場對品牌丙進行強烈行銷投資後，所產生的延遲反應；大眾需要時間建立品牌能量和形成記憶，並藉由口耳相傳這種「免費」打廣告的方式在社群傳播開來，以上這些個體行為機制都會延遲總體銷售。

起初品牌丙的訂價比品牌甲還高，在市場上僅占有約一成的市佔率；但進入市場約 250 天後，品牌丙暫時將其訂價下調到與品牌甲相同，

吸引了更多人嘗試使用該品牌，並從中贏得了新狂熱粉絲；這些人甚至會在品牌丙恢復原先售價後持續選擇該品牌，讓品牌丙取得了百分之三十的新穩定市佔率。至於品牌甲的市佔率，比起品牌丙未進入市場時的百分之九十左右，到現在只能守住約六成；且大多時間品牌丙比品牌甲多控制了約百分之十的溢價，因為品牌甲在品牌丙進入市場後仍維持其售價。

有趣的是，歐若拉系統採用了相當簡單的定價機制，讓品牌擁有者可不斷根據先前定價下所獲得的銷售量，來更新他們對需求曲線的預估。在本次模擬實驗中，數據的隨機性導致品牌丙調降價格，並因此暫時來到了與品牌甲相同的數字。雖然很快就再次調漲，還是有許多開心的顧客發現他們喜歡品牌丙多於品牌甲；就算比較

貴，也還是會選擇品牌丙。這其實就跟 KIND 提供免費試吃品的策略一樣，儘管 KIND 產品價格相對較高，該公司還是宣稱：在試過其產品的人中，有九成會成為其忠實顧客。因為就如我們所瞭解的，味覺和嗅覺記憶比較深刻，且大眾在選擇食品時，風險趨避程度可能會比較高。

當我們把 431 次模擬實驗和圖 8.10 顯示的模擬實驗綜合後，就可以得到圖 8.11 顯示的平均市佔率了。平均來說，品牌丙進入市場不久後的銷售成長速度相當緩慢，但之後會持續攀升，呈現向上凸起曲線，與舊型廣告擴散理論模型中的市場滲透曲線十分類似；然而，儘管其獲得了平均百分之二十的市佔率，也不代表總是處於盈利狀態。

圖 8.12 顯示在這 432 次品牌丙進入市場的

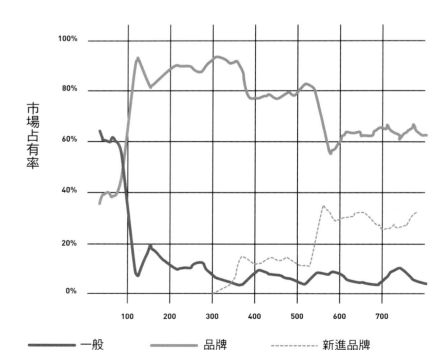

圖 **8.10** **市場占有率**

432 次模擬中的第 12 次

市場占有率

一般　　　　品牌　　　　新進品牌

432 次模擬實驗中的第 12 次模擬實驗，顯示出新進競爭者加入市場後的情況。在這個情況下，短暫降價可激勵大眾進行首次體驗，並從中贏得狂熱粉絲的支持；讓他們在產品恢復原始價格後，仍願意選擇該新進競爭者。

模擬實驗中，品牌丙累積利潤的所有路徑，起初因市場對它的品牌化投資的反應較慢，所以會在銷售量不多的情況下造成虧損；但其實到最後也只有百分之二十的正累積利潤而已，且在大概六成的模擬實驗中，品牌丙都被迫退出市場，累計損失金額高達十萬美元以上。順帶一提，這數據與新創公司的典型存活機率一致。

圖 8.13 顯示品牌丙進入市場的每次模擬實驗，所透露的品牌丙可得到的總價值範圍。假設在決定投資品牌丙時，我們都知道這些都是可能會發生的情況，那麼我們便可加權計算這些實驗結果，發現品牌丙的預期價值為十三億美元，與圖 8.10 顯示的單一成功之例的價值十分相近。然而，根據圖 8.13 的中間值顯示，有半數以上的實驗結果顯示失敗，且會造成經濟損失，而尼

爾森行銷研究顧問股份有限公司（Nielson）也表示：在消費性包裝產品市場上，新品牌進入市場兩年內就以失敗坐收的機率高達百分之八十五。

不過仍有約兩成的實驗結果顯示，新品牌能擁有超過三十億美元以上的價值，甚至還有少數幾個能達到五十億美元；而尼爾森行銷研究顧問股份有限公司在 2012 年時也曾指出：只有百分之二的新品牌能在第一年就取得超過五千萬美元的銷售金額。這是在提醒你要把賭注下在這上面嗎？不過你選擇的投資標的可是像電影《刺激》（The Sting）中，在賽馬比賽僅獲第二名的「幸運丹」（Lucky Dan）一樣喔！難道這些內容在過去也對 KIND 的執行長丹尼爾・盧貝斯基一樣有意義？未來總是難以預測，只有到實際發生時才知道究竟發生了什麼事。

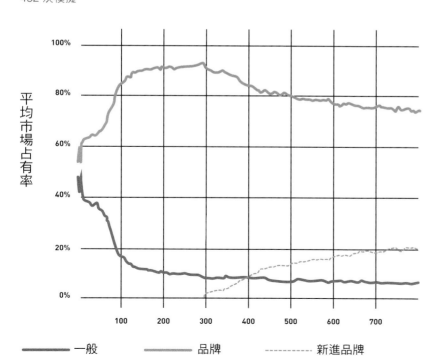

圖 **8.11** 平均市場占有率

432 次模擬

圖中顯示多次模擬實驗中，新進競爭者進入市場後的市場占有率概況。平均而言，新進競爭者在進入市場 800 天後，可取得約百分之二十的市場占有率；但卻不是每次都能處於盈利狀態。

平均市場占有率

100%

80%

60%

40%

20%

0%

100   200   300   400   500   600   700

——— 一般　　——— 品牌　　- - - - - 新進品牌

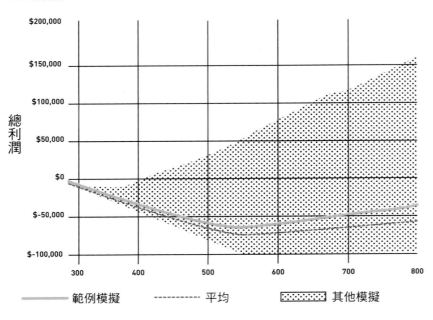

圖 8.12　新進品牌總利潤

圖 **8.12**　**新進品牌總利潤**

432 次模擬

總利潤

——— 範例模擬　--------- 平均　:::::::: 其他模擬

圖中顯示多次模擬實驗中，新進競爭者的利潤概況。根據諸多模擬實驗結果指出：新進競爭者在進入市場第 800 天時依舊呈現虧損狀態。不過有些新進競爭者將快速回收投資資金並產生累計淨利，正如圖 8.10 中的範例模擬。

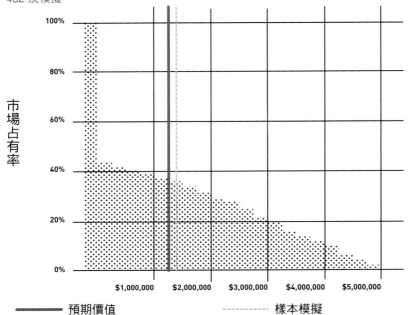

圖 **8.13**　**新進品牌價值**

432 次模擬

市場占有率

——— 預期價值　--------- 樣本模擬

圖中顯示多次模擬實驗中，新進競爭者的品牌價值概況。結果顯示有半數以上毫無價值，可見新進競爭者要面臨的風險十足；因此你可能會比較想要收購現有品牌，而非重新打造一個新品牌。

當某個成功品牌推出後（或某項成功技術或野貓井開發後），我們都傾向於將成功這件事視為既成事實，因為我們少有資訊能夠量化該品牌過去得面對的實際風險。評估新進候選品牌的一個方式，就是看看市場已經如何評估其他位於類似階段的候選品牌；不幸的是，尋找被公開交易且可相比較的新創公司根本就像在抓獨角獸，十分不容易。因此，估價師反而會發展出類似歐若拉模擬系統的預測，或利用被拿來評估股票選擇權價值的技巧；其實股票選擇權的定價方式也同樣隱含地假設了一系列的可能情況。

▶ 數位世界中的隨機性衝擊
夢魘

我們先前提過通用磨坊公司年度申報文件中的一段話，如果你是位品牌管理者，可能會對這段話的前半部特別關心，因為你或許因此失眠了好幾天，害怕你的品牌也會遭遇如此悲劇。然而，我們還是要在這裡重複這段話，讓它深深烙印在你心裡：「但仍有許多因素能讓品牌價值大受損害，包括消費者察覺到品牌不負責任的行為、產品的負面宣傳……」，原文甚至還講到：「基於消費者、我們和第三方都開始擴大使用社交和數位媒體，增加了正確或錯誤資訊和意見分享的程度與速度，而社交或數位媒體上那些與我們公司、品牌或產品有關的負面貼文或評論，都能嚴重損害我們的品牌和聲譽。如果我們無法讓顧客對我們品牌保有良好印象，就會對我們公司造成負面衝擊。」這段話其實就是在說美好嶄新的品牌化世界。

KIND Health Snacks 公司是通用磨坊公司的競爭對手，最近面臨了一些負面宣傳的挑戰。就在 2015 年 3 月，美國食品藥物局（the Food and Drug Administration，簡稱 FDA）發表了一份公開信，並在信中寫道：「親愛的盧貝斯凱先生」（寫錯字），「根據美國聯邦法規第 21 章第 101-65(d)(a)〔21 CFR 101.65(d)(a)〕，您所列出的產品中，沒有任何一樣達到『健康』食品的營養成分規定。」這份公開信讓這間名稱還含有「健康」兩字的公司慘遭洗臉。其對手通用磨坊公司也曾收過類似信件，因為美國食品藥物局曾對其將喜瑞爾麥片標榜為「降低膽固醇」的產品提出質疑；只是 KIND 在剛進入市場時，因其每年銷售量少於一萬單位，曾受惠於美國食品藥物局對小型企業提供的豁免權。

基於產品品質不一致問題，我們在模型中加入了一個**隨機變數**到每位顧客的產品體驗效用上，這其實也是品牌管理者賦予的顧客能量中的隨機性，因此儘管品牌擁有者能試圖影響品牌管理者，像是授予新媒體採訪權，但還是得承擔最後可能會帶來負面能量的風險。然而，有些管理者，像是美國食品藥物局，卻能在品牌擁有者未參與的情況下，把品牌帶往正面或負面方向；而且當效果是負面時，就會有一堆「免費打廣告」的現象產生。這其實就證明了在行銷界流傳已久的格言：「要消滅不良產品，沒有什麼比好廣告更快速的方式了。」類似的負面能量也可以源自一位顧客，他在因緣際會下消費了某個品牌，因產生了許多負面體驗，成立了一個大批社交媒體關注的反對網站，而這種宣傳方式更能將效果集中在特定區域。

歐若拉這個虛擬的無尺度網絡，偶爾還是讓我們看到了在全國範圍內爆發的病毒式擴散行為。儘管我們能從社交媒體網站和其他地方來觀察實際社交網路的關係，但我們在這邊套用的隨機社群數字，只是根據真實世界中的社群數字所做的粗略估計而已；而當我們從品牌管理者或連續正面或負面顧客效用體驗，加入正面或負面隨機衝擊時，我們有時可以看到資訊透過節點蔓延開來。

圖 8.14 就顯示了注入到品牌甲的能量（正面或負面）擴散到整個網路的過程，只是在這個特定例子中，節點的連結是根據地理位置，每個節點都只能與自身最鄰近的地區相連結。

在第一張地圖中，有位居住在舊金山的顧

思 | 維 | 實 | 驗

對於近期和潛在顧客及競爭者，你還有什麼部分需要好好瞭解，
才能讓品牌價值發揮到淋漓盡致？

_____

客，可能因為正面品牌體驗，接收到了正面能量；接著在下一張地圖裡，因為大家都開始向朋友們分享他們對該品牌的體驗，因此可能會看到品牌能量擴散到全國，最遠甚至還可到達密西西比河（Mississippi River）；以上就是脈衝響應在空間內的發展過程，至於時間狀態下的脈衝響應則是在前面部分就已做過討論。如果我們再把無尺度分布特性納入考量，能量就會在虛擬和現實世界蔓延，因此速度會變得更快。跟速度打聲招呼吧！

請記住，不管是正面還是負面能量，都能透過整個社交網路散播出去，而且由美國食品藥物局這類品牌管理者所散播出的負面能量，甚至能擴散到更多地區，因為遍布在整個社交網路的人都會同時接收這種能量。在這種情況下，地圖上許多節點都會遭受衝擊，而那些與世界具有強烈且廣大連結性的人也能有效地將這負面能量散播到他們的社群，這根本就是場夢魘。如果你有社交媒體團隊支持你的品牌，那麼你就可能會在真實世界中看過這樣的數據資料；站在你的立場，我們真心希望你之前看到的結果是正面能量的蔓延。

從一般公認會計原則看商譽

商譽和無形資產的差別

在大眾市場上，絕大多數的品牌資產評估方法，都未達美國一般公認會計原則（Generally Accepted Accounting Principles，簡稱 GAAP）「不黑箱作業」的規定；內部依然有許多不清楚之處。這也是我們想要好好探討商譽和品牌無形資產之差異的部份原因。

根據一般公認會計原則中的會計指南定義，商譽為「代表未來經濟效益的資產，產於企業合併中被取得但無法個別辨認或單獨認列的其他資產。」我們知道你接著一定會想：「什麼鬼東西啊？」這其實就是收購企業時的購買總金額，與其個別資產總價值之間的差異；也可將此稱為餘

數法，或更通俗一點，將其比喻成「會計師裝滿廢物的抽屜」。然而，就商業系統的概念而言，商譽包括了裝配勞動力、兩間公司合併後即能生效的契約，以及企業預期可創造的未來資產，像是新技術和新產品。

所以我們現在就要挖掘那塞滿廢物的抽屜，整理出一些對品牌經理有用的東西。你可能認為有些資產是屬於品牌的一部分，像是商號、商標、網域名稱、顧客關係、設計專利和發明專利，但在一般公認會計原則裡，當公司被收購後，這些資產可能會被視為好幾個不同的獨立資產。至於所謂的品牌資產，財務會計標準委員會也透過會計準則編典（Accounting Standards Codification）的會計指南指出，「『品牌』和『品牌名稱』這兩個詞彙都是一般行銷術語，經常被當作商標和其他標誌的同義詞，且通常指涉的就是一組互補性資產，像是商標（或服務標誌）和與商標相關的商號、公式、食譜以及技術專長。商譽是一組互補性無形資產，通常被稱為品牌，而若構成該組的資產具類似使用壽命時，本聲明並不排除將任一實體認列為獨立於商譽的單一資產。」因此，你現在就有權利告訴你的執行長，請他將你所負責的那些資產，稱為極具價值的品牌資產。

然而，你要怎麼界定品牌資產和商譽呢？這其實要根據公司預期的未來收益和利潤，有哪部

圖 8.14 地理擴張

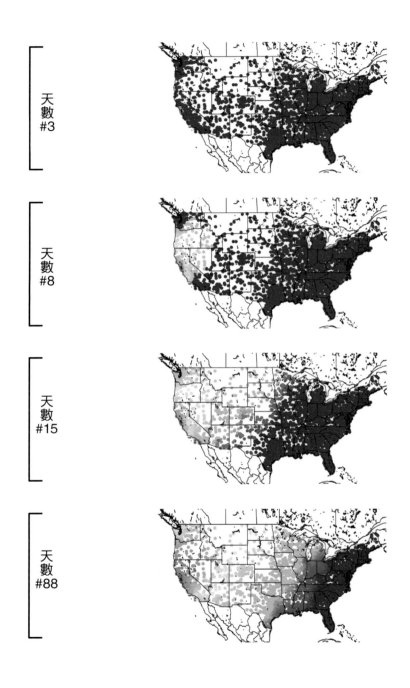

天
數
#3

天
數
#8

天
數
#15

天
數
#88

每個品牌的夢想：能像流行性感冒一樣散播開來。

分與品牌有關才能辨別。估價師經常以可相比較且公開被揭露的授權協議，當作品牌商號使用權利金的衡量標準；但這裡要面對的挑戰是：商號和商標的授權協議，經常都是用在互補性產品或未發展領域；因為任何思緒清晰的品牌擁有者，都不會將其品牌授權給銷售量非常能與自身相比的競爭對手。

另一個評估方法則為：預估總產品利潤中，有哪部分是源自於使用你的品牌名稱。若要以此種方式進行評估，其實只要將自身品牌和一般產品做對比，算出其品牌控制了多少溢價就好，相當簡單；而且我們先前也已透過食品品牌與一般食品共存的模擬實驗發現：一旦放棄使用品牌名稱，就絕對無法控制溢價。然而，在這種情況下，又會失去多少市佔率呢？從一些額外市佔率中取得的利潤同樣也屬於品牌價值。

另外還要納入考量的是：根據通用磨坊公司這個特定例子，我們也發現品牌能讓企業在市場上佔有固定地位，並得以在競爭激烈的商場上存活下去；因此其股東權益資本成本相對較低，也能以其品牌當作抵押品來借貸金額遠超過其有形資產的資金。雖然並非每個品牌都能這麼幸運，但就如我們所看到的：這的確讓通用磨坊公司，獲得了比有形資產帳面價值多上好幾倍的市場資產價值。

要區分品牌和商譽，應該還是要通過公司和品牌的經濟實質來看，而且就跟生活中許多事情一樣，如果僅遵循單一標準，最後可能會導向不合乎常理的結果。現在就讓我們在缺乏具體細節的情況下，以近期分析過的例子來說明。

近日有間上市公司收購了一個市價八千萬的零食品牌，而這八千萬裡有三千萬是來自品牌資產，四千八百萬屬於商譽價值，其有形資產僅擁有不到兩百萬的價值。此外，基於食品製造經常都是外包給合約製造商，且根據該上市公司所支付的收購金額，我們推測大多數的人力資源都會被資遣，顯示該品牌價值相當可能比上市公司支付的總金額還要多。

由此可見，儘管有一般公認會計原則作為標準，還是很難降低與懶惰的會計公司合作的機率，這也是我們正在努力尋找更好的方式來區分商譽和品牌價值的原因；畢竟所有行銷人員都值得透過更好的方式來應付像琳達那樣的財務長。

記得你昨天早餐吃了什麼嗎？

結論

若你在過去超過 10 年的時間裡，一直都待在設計、行銷或品牌策略這幾個領域，那你一定憑直覺就知道品牌具有價值。透過幾個特別設計過且有趣的數學公式，我們已經證明了你的直覺完全正確；更重要的是，我們不但證明了你有多正確，還證實了品牌對社會、個人和品牌擁有者都具有價值；且在這過程中，我們也利用了食品產品類別，也就是：品牌、一般和新進品牌產品，來當作說明的例子。食品需要較高程度的信任，因為它觸及了五種感官，且最終會進入我們的身體，或我們所愛的人的身體。此外，完成這項實驗後，我們其實也針對奢侈品、科技產品和一系列不同類型的產品做了研究，可以上我們的官方網站查看。以下是我們對本章節所做的結論：

1 新擴散模型將個人行為、特定品牌資訊和其在產品類別裡的地位一併納入了考量，有助於瞭解最佳行銷策略和近期品牌價值。

2 基於有各式各樣的因素需要審慎列入考量和建置，所以每個品牌都是獨一無二的案例，且沒有任何一個模型，適用於全部的品牌化或品牌價值評估。

3 被認購的品牌會出現在資產負債表上，但那些成長良好的品牌卻不會；若能好好計算成長良好的品牌價值，企業就能擁有更多可加以利用的資產。

4 如果你的工作是要運用行銷學來創造近期和未來收益，那麼你對品牌價值做出的貢獻，肯定能為你在向公司證明自身價值的過程中，帶來大大助益。

66

09

品牌化 + 價值
BRANDING + VALUE

此刻你身後已出現閃耀光芒，這條通往未來之路也變得好走許多。在本章節中，你將一窺行銷人員不久後要面臨的未來，接著再用伊曼努爾‧康德哲學的角度觀察世界，畢竟漫步在這條路上需要一點好奇心。我們希望你已透過本書學到了東西，也做了點筆記；或許甚至已和公司的人討論過書中提到的觀念：「越強大的品牌，越能取得大眾信任；而人與人之間的信任程度越高，整個社會的信任結構才會更加緊密。」基於此，建立強力品牌其實是個具有使命感的任務；所以請繼續努力，並讓顧客以忠誠度來獎勵你。

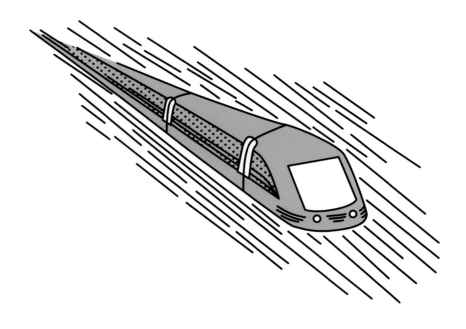

> 通往未來

如何改變

讓我們接著說上一章的小故事：妳身旁一棵棵大樹以時速稍微超過四百公里的速度經過，而妳卻低頭看著畫面上針對新品牌要推出的下期參與活動、忙著進行電話會議，以及與他人合作撰寫「新時刻設計」的最終方案；而在這個方案裡，有一堆人類學家、設計師和數位行銷人員已做出的設計原型可讓妳作為參考；接著，從畫面本身發出財務長琳達冷靜平穩的聲音，並詢問：妳從鄧斯繆爾（Dunsmuir）到舊金山的出差之行進行得怎麼樣？是否已經抽空看過她針對妳的計劃和預算變更所提出的建議？至於**新品牌時刻**則是在過去短短 12 小時內，就已在多爾郡、威斯康辛州和南韓的浦項市取得「速度」了；妳可以放大畫面看到每位顧客的數據，然後再將畫面縮小到原本尺寸，查看妳的品牌儀表板上那 153 項指標。自從妳在兩年前接下**體驗長**（chief experience officer）這份工作後，妳的團隊努力得來的結果已向董事會證明了：由妳規劃出來的下一代

品牌食品，其前景無可限量。

妳抬起頭望向窗外，凝視著那些在早晨衝浪的人們，想起了「大數據」這個流行詞彙開始變成大眾生活重心的那一刻：當時妳商業學校的同儕正在關注利用行銷自動化，以及侵入式的「重定向」網路廣告，來吸引顧客購買產品；然而在那時，妳卻有了要改變的念頭。透過由偉大、已故的賈伯斯身上所學到的哲學，妳開始希望將行銷這件事**人性化**，並利用大數據來改善品牌和大眾之間的關係。

妳實在很難不以妳那高度協作且快速適應的團隊為榮，該團隊中包含了社區參與者、目標導向的品牌管理者、設計思想家和數位工程師；當妳每次提高某個新地區的參與度，就能看到數據亮起來；好像從太空站往下看到煙火施放那樣。妳的團隊善於學習、創造和參與，就連最新的社交集散引擎（social aggregator）及媒體平台都贏不過他們。

而妳個人的數位助理西格蒙德（Sigmund）——Siri 的曾孫，靜靜地透過訊息通知把妳從白日夢中叫醒，告訴妳 5 分鐘後就要與上海

那邊的新部門進行電話會議，當妳開始感到焦慮不安，西格蒙德在讀取到妳的心跳速率後，告訴妳不用擔心，它會進行口譯；此外，它也注意到了妳之前想訂購的大開本精裝書剛才已經被放在前門，上面寫著：「感謝您的『一想即來』訂購」。那是一本關於首部電動汽車發展史的書。

從車窗向外看出去，有一面是海洋的景色，另一面則是整排的老松；當妳正刷著牙、整理著頭髮時，車子還是持續開往妳位於舊金山市中心的目的地；這時距離妳離開位於北方約四百三十公里的鄧斯繆爾，其實才過了 1 個多小時而已。妳聽著琳達向妳報告她的計畫，告訴妳要如何從上海開始，在各個社群裡與中國團隊一起宣傳品牌；然後西格蒙德又跳出訊息，詢問妳是否要轉移區塊鏈（Blockchain）資金，來為中國團隊的努力提供金援，爾後西格蒙德又重新安排了妳的行程。

當妳靠著椅背、閉上眼睛時，妳想起了妳的鄰居艾咪。她推出了一系列的數位眼鏡，且也把她的行銷重點放在個人、社群和管理品牌夥伴上；而她所說的那段話至今仍在妳腦海中揮之不去：「就跟電影看重的不是特效一樣，行銷的重點也跟技術或媒體購買無關，真正重要的是我們與真實大眾之間的關係，以及我們所設計出來的時刻能讓他們的生活更精采、更簡單。」看著她的品牌取得「速度」後，妳也就開始一直以此建立自己的行銷哲學。

當車子慢慢停了下來，而妳與中國團隊的通話也以讓人聽膩的「謝謝」做為結束時，妳又重新回到了現實世界。在妳走路到辦公室這約三十公尺的路程中，是妳能享受到最平和的時刻；因為妳的強化實境眼鏡幫妳過濾掉了所有視覺雜訊（廣告看板、交通標誌和其他轟炸式的媒體資訊），而妳的耳塞則幫你篩選掉了任何妳尚未同意輸入的聽覺噪音。這時只有一張優衣庫（Uniqlo）的裙子照片能夠進入妳的感官，且妳也覺得如果穿著它與另一半共進晚餐一定很不錯；妳還是可以運用妳最具創造力的處理工具，

也就是妳的大腦，但是過去大腦所負責處理的多數平凡資訊，現在都已轉給西格蒙德這個數位載具來負責了。

而妳生日隔天，即 3 月 23 日，其實也沒什麼不一樣，就是 2025 年的另一個星期一而已。

◗ 放煙火慶祝未來

未來方向

最近這幾年來，品牌擁有者已經透過許多方式來探索個人行為，而最新發現就是速度，甚至是加速度這個議題；讓我們能以前所未見的規模，擴大檢視個人和集體行為。試想一下以下效果：如果在太空站上觀看你發表下個品牌，且每個城鎮都各自施放煙火秀，那麼你就會看到一道道光線爆發和散播在遍布整個地球表面的一個個緊密社群；此時你只要使用雙指進行縮放，即可找出那些離開施放煙火地點不到三十公尺的個體。

像美國有線電視新聞網這類型的品牌擁有者，或許也能看到類似地圖；該新聞網推出了智慧型手機應用程式，透過那些應用程式的使用者同意分享地理資料，該新聞網就可利用這些資料達到類似效果。每當有新聞事件在特定地點發生，美國有線電視新聞網就能向當事人伸出援手，並要求當事人及公民記者製作現場影片；接著再利用社交媒體幫忙宣傳，散播給城鎮上所有街坊鄰居和好友。**突然間**美國有線電視新聞網和社群結合在一起了，且新聞內容也更深入、更精彩。

現在再想想看其他品牌擁有者：這些人正在利用資料庫追蹤你的個人活動。基於現在是無現金社會，新的銀行會建立一個虛擬地圖，能顯示你白天的地理位置；並利用電腦計算立即找出不合理的消費狀況——譬如你不可能同時在兩個地方進行消費。因此每當發現有任何不對勁，你就會接到電話來詢問你的扣款是否不正常或帳戶遭盜用。

若你需要到店內辦理退貨，但卻沒有收據，怎麼辦呢？有些零售商店現在可讓你透過當時支付費用的信用卡來辦理退貨，你只需要刷一下那張信用卡，並讓他們掃描商品條碼就好。零售商的資料庫裡會保存你每次購買每個庫存單位的現場紀錄，然後列印一張新收據給你。

至於使用直接郵件廣告的行銷人員，則是已經透過個人決策資料來追蹤大眾數年來對促銷的回應，他們會根據這些資料進行相鄰區塊測試，藉此測量將某一促銷傳送到一區塊所產生的響應速率，以及將另一促銷傳送到下個區塊所產生的響應速率。透過成對的相鄰區塊，行銷人員即可控制廣泛人口統計變數，而當今套用在網頁設計優化的新手法也是採用類似方式：利用隨機分配來提供新用戶不同的設計頁面，等到取得大量樣本並知道哪種設計較具效率後，再將所有新用戶的網頁更換成該設計頁面。

有些智慧型手機應用程式商店也會在顧客於店內消費時，提供他們特別折扣當作獎勵，而顧客安裝該應用程式的行為其實也是在授權給這些零售商，讓他們得在商店內追蹤顧客位置，以及查看其網頁瀏覽紀錄像是在亞馬遜網站上比價等等。對品牌擁有者來說，好處是可即時（real time）觀察到顧客做出的每個微小決策，並將此與從網頁瀏覽和過去店內消費紀錄獲得的資訊進行整合；對顧客來說，好處則是零售商會依據他們的喜好給予特別折扣。

這種現象其實在像亞馬遜這種網路零售商店更加明顯。他們會根據顧客過去的消費和搜尋紀錄來提供未來消費的相關建議，且多數買家都認為這功能相當有用，擴大了品牌的功能來幫助他們改善自我決策；進而降低了他們的購買體驗風險，還能節省時間與金錢。亞馬遜也會向顧客索取產品評論，並將其張貼在網站上供其他買家參考，極具價值；而那些提供評論的顧客也能因此獲得更高的社會效用，知道自己是在幫助他人。

當今品牌擁有者能掌握的個人決策行為何其多，上述只是冰山一角而已。這些資訊加上其他

數據資料，就能為以自身品牌量身訂做的「系統模擬實驗」提供有價值的元素；而一個不斷進步的系統，也能根據新的行為模式進行校正，並以此來回答品牌管理要面臨的幾個主要問題：近期品牌化投資之報酬與其改善方式為何？就金額、組合及長時間下的模式來說，最佳品牌化投資策略是什麼？品牌的近期價值及潛在價值是多少？

在理解品牌可為大眾、社群、品牌管理者及品牌擁有者提供價值的過程中，你應該可以見識到使用品牌系統理論的影響力；同樣地，你也會明白價值的產生是來自各個不同層面，因此每個品牌的狀況、歷史和未來機會都不一樣，所有品牌都避免了「鬧雙胞」的可能。

我們已經透過本書向你介紹了三個概念模型：雅各階梯模型、時間維度模型，以及空間維度模型，以上模型皆會在相互依賴的系統下進行互動，而我們發展出來的複雜電腦程式——歐若拉，也說明了大眾和品牌如何在時空狀態下進行互動。此外，為了取得在食品品牌產品類別裡的個人決策資訊，我們也透過一些模擬設定，建構了一個假設世界；而這世界產生的總體結果，也與我們在案例分析中提到的真實公司，所得到的結果相吻合。

這對未來究竟代表什麼意義呢？

▶ 靠近些看：美麗或許出自小細節
伊曼努爾・康德之眼

請從「你的品牌與人類之間的接觸」這個角度出發：畢竟大眾也是人類，如果只把他們當作消費者來看，不但會侷限你的觀點，也無法發現更大的可能性。所有總體經濟結果都是各項個體決策的綜合，因此也請時時汲取新知，好好檢視你的品牌提供給個人和社群的體驗時刻；並考慮透過精心設計品牌時刻，來提昇品牌的多重感官和情感衝擊。

請利用品牌系統理論，讓你在公司內外部的專業領域獲得新觀念，幫助建立與管理品牌，並

思｜維｜實｜驗

當顧客發現「個人化」的信號直向他們而來，
那麼建立信任（有益）和摧毀信任（有異樣）的那條線該劃在哪裡？

創造品牌價值。提醒你：不要只著重在行銷部門，要善用這個系統來確認公司各部門的功能運作，看看是否有哪些環節被忽視或做得不夠完善。

請確認公司內部人員全都能從顧客體驗的角度，理解品牌和品牌化的概念；請確認公司內部人員全都能從顧客體驗的角度，理解品牌和品牌化的概念。不，這不是排版或打字錯誤——我們本來就有意重複這句話；對大多數公司來說，品牌和其他**無形資產**經常是公司價值的主要來源，因此每位員工都應該要知道自己在管理這價值的過程中所扮演的角色。然而，如果對你的公司來說，無形資產佔據的價值並不大，那又為什麼不呢？就連像嘉吉公司（Cargill）這種販賣「大宗貨品」的公司都已經發現他們能藉由品牌增加大量價值。

請依照你取得的數據資料來設計原型時刻、進行小型實驗，並仔細追蹤個人行為反應，然後在你運作的系統給予回饋時，不斷進行調整與改變。

請開始傳授品牌相關金融知識，給公司內部各級主管和董事；並努力理解市場如何評估你的品牌，以及其衡量方式與公司其他資產的相關性。

請仔細思考是否能在以你的品牌和產業類別，所量身打造的系統模擬模型上，利用你的數據修改並促成顧客行為的關鍵元素；因為模擬能幫助你更加瞭解系統的相互作用，從而讓你在品牌化投資活動上做出更好的投資選擇。

請問問自己：對你的品牌來說，活生生的一個人其終身價值代表了什麼？不是一名**消費者**喔，兩者之間的差異相當重要；而根據不同群體的人，價值損耗率會怎麼變化？背後原因是什麼？若重新設計具高損耗率風險的顧客互動，品牌價值能被增加多少？看到結果並真的重新設計後，實際帶來的價值又有多少？

請上我們的官網 *www.physicsofbrand.com* 延伸學習你至今學到的觀念。請觀賞我們的影片、閱讀我們的部落格文章，以及與其他讀者聊天，並從他們身上學習；在這個新社群擁有身歷其境的體驗時刻吧！

再厲害的機器也會出錯
隱私值多少？

再過幾年，到處都可看到智慧型代理人（Intelligent agents, , IAs）了；**它們**會直接嵌在你穿的衣服、你買的產品，以及所有你觸碰的電腦裝置內。這些在網路上公開的匿名（secret）代理人所流出的數據資料將會匯集成大數據庫；而這數據庫的「產出」也將被切割成片段，拍賣到各個渴求資訊的品牌公司。當今還在適應社交媒體革命的老品牌，將需要把握這個演進，因為它正在以加速度前進；而唯有已習得最新的創新行銷概念的人，才能夠提早適應這個演進。

這些影響十分巨大，所有參與者面臨的風險和報酬都各一半。但對於那些身邊只有幾隻山羊、朋友盡可能少，並生活在網格世界（grid）中，篤信「活屍啟示生存主義者」的人來說，以上這些影響當然就不成立了。先撇開對影視作品中的活屍恐懼不談，未來還是有幾個部分會讓個人與品牌經理感到害怕：例如愛德華·史諾登（Edward Snowden）這個例子就告訴我們，政府能對人民隱私進行監視，儘管其宣稱這是出於保護，但這其實也很容易就變成暴君壓迫人民的手段。

對於品牌和行銷人員而言，這些數據全都能帶來以光明為主的未來，遭遇巨大災難的機會則很小；因為這讓你有機會在網站上建立顧客社群、在線上精確地觸及潛在顧客、利用電腦運算培育並完成銷售，最後再由機器負責包裝和運送商品，而亞馬遜就很認真看待無人機配送系統的發展。隨著越來越多東西虛擬化，行銷人員也擁有更多機會將管理功能自動化、透過網路擴大規模並建立品牌，同時還能與大眾產生緊密連結；這些人會一而再，再而三的購買品牌產品，然後

4.6 小時

美國民眾每日使用
數位裝置的平均時間

87%

千禧世代表示離不開
智慧型手機的人口比例

1/5

全球積極使用
Facebook 的人口比例

3000 萬

維基百科建立的
企業頁面總數

20 億

全球擁有智慧型手機的
人口數

88%

曾受網路評價影響的
人口比例

100 分鐘

美國民眾每日利用空檔
上網的時間

15%

透過手機購買星巴克的
人口比例

9%

美國成長中的
網路零售比例

4 小時

美國民眾每日觀看電視
的時間

思 | 維 | 實 | 驗

當顧客在時空內前進，你的品牌能透過智慧型手機為他們提供哪些服務？

在炫耀後，又再度進行購買。不過，這就是巨大災難出現的時機；如果你未善盡保管資料的責任，並賦予顧客和顧客資料最大尊重，可能就得付出慘痛代價。以 Ashley Madison 網站為例，據悉這是一個專為想要偷情的已婚人士所設計的社交媒體網路；你當然可以說光這生意本身就已經夠令人作嘔了，但無論如何，終究惡有惡報。

該網站有名站內人員將其門戶打開，讓駭客駭入網站竊取三千七百萬名使用者的姓名、信用卡資料、住家地址和性偏好，並將此公諸於世；還爆料該網站其實全都是假幌，其使用者的男女比例差異高達一萬三千五百八十五比一；且其中有很多女性可能都是只是機器偽裝的——高科技現代版的充氣娃娃。

「行銷科技」（MarTech）其實就只是新型態的「行銷傳播」（Marcomm），就跟「內容」（Content）和「消費者」（Consumer）在品牌化活動中，都只是無生命且無趣的術語一樣。數據顯示起起落落落，並不穩定，但儘管得承受這些風險，品牌擁有者還是無法承擔過於落後行銷市場上的創新週期的結果，也就是說：聰明的行銷人員滿懷熱情地追求**行銷自動化**和**內容創作**；至於成功的行銷長則是會學習新技能，包括掃描式電子顯微鏡（SEM）、使用者介面（UI）、使用者體驗（UX）、超文件標示語言（HTML）、及聯式樣表單（CSS）、敏捷開發、內容聯合及大數據分析等等。如果你覺得這清單是由電腦工程師寫出來的，沒錯，我們同意你的想法，不過只要仔細看一下數據變化，你就明白了。

這些數據是我們還在創作本書時所得到的數字，但本書出版之後，這些數據可能又會有大幅改變；且根據估計，未來的變化程度絕對不輸革命規模。到了 2019 年，投入在網路上的廣告資金可能會比在電視上的還多，接著到 2025 年，根據未來學家的預測，電腦將擁有跟人類大腦一樣的處理資訊能力，且要價僅一千元美金；所以到了我們不再進行思考時，我們可能會變成跟數位助理進行有意義的對話；同樣地，我們很快就會開始思考：基於不再從事「思考」活動，我們的大腦會萎縮到什麼程度呢？

此外，未來學家也預測，到了 2025 年，這世界上將有一兆台感測器遍布全球，以提供及時資訊瞭解不清楚的近期事件；除了極有可能會有無人駕駛汽車來載我們去上班，這些變化也估計會對健康照護、教育和政府等一切事物帶來重大轉變。

未來學家艾文・托佛勒（Alvin Toffler）在 1970 年寫了這本《未來的衝擊》（*Future Shock*）著作，他預測社會與技術變革的速度和資訊量超載的情況，總有一天會讓大眾遭受極度令人疲憊的壓力和迷惘。其實就某些觀點來看，托佛勒說得完全沒錯，只是這本書的內容似乎有些灰暗，且他也沒有預測到我們未來只要花一千元美金就能買到電腦，並以此當作私人助理幫助我們思考並管理生活，或是透過雲端中的超級電腦，讓購物變成立即體驗；抑或是透過手機的禪修應用程式，來幫助我們學習平靜和專心。

❯ 當品牌陷入動盪——
大眾進入永不信任的狀態
小改變終將帶來大變化

小小印刷機引發了大大的宗教改革，並在美國和歐洲的政治革命中起了作用，還促使了早期現代品牌的誕生；而凸版印刷和巨幅傳單則是加速了科學革命及多數人稱之為近代的發展；至於學者們經常提到的後現代，就是我們現在這個樣樣有可能，樣樣沒把握的時代。然而，不管你要怎麼稱呼這個時空，這就是一個快速且劇烈變遷的時期。

如果可以，基於舒適和便利性，以前的皇室們可能多半都會想要用他們那冷颼颼又白煙繚繞的城堡，來換取一間典型中產階級位於城市中的房子；而以前的國王和皇后也會被抽水馬桶、電燈泡、汽車、中央空調、冰箱和電視上的名人瑜伽給嚇到，可見品牌和品牌所帶來的創新，已經

為我們創造了奇蹟和驚奇；而那些受人敬重的未來學家們所做的預測，我們也已經多少能看出端倪。

數位世界加上全球交易和持續增強的電腦處理能力，一直在改變我們的生活，而許多德高望重的地質學家也將現在稱為「人類世代」或「人類時期」，就連太空人都能透過肉眼從外太空看到我們對土地、海洋和天空造成的變化。地球正在暖化、物種逐漸滅絕、城市數量不斷攀升、科技持續快速發展，且我們的焦慮也逐漸逼近。先進國家的信仰觀念漸漸衰減、中東地區和非洲的宗教信仰卻逐漸激進；家庭結構不斷變化，新技術也正在取代傳統工作方式。有人說這是末日的開始，但也有人說這是新世界的開端，一切只能留給時間來解答。

品牌在這過程中扮演了重要角色，且影響範圍可能會持續擴大，因為在充滿不確定且資源有限的時期，品牌就是最安全的選項。就如我們所觀察到的，品牌能節省顧客的時間、風險和成本，並有助於連結社群與全球社會關係，這些都是品牌的好處；然而，品牌的缺點就是破壞環境、造成社會與經濟瓦解，以及消耗資源，畢竟天下沒有白吃的午餐。

1960 年代興起的反文化運動流傳過一句話：「你若不是解決問題的人，那就是製造問題的人」，雖然根據我們的思考，這似乎有些極端且太過二元論了，但就情感層面來說，這卻有點真實。品牌和大眾都生存在時空狀態下，若大眾不購買品牌，品牌的銷售和利潤自然就會下降，而品牌記憶也會跟著衰退，這時你能期望的最好情況，就是至少能在維基百科上找到你的品牌資訊。

與此同時，美國最高法院已經給予上市公司許多與自然人一樣的權利，而品牌也就像公司的大使一樣，所以當品牌表現不佳時，憤怒的大眾可能就會沒收公司權利。你絕對不希望自身品牌變成娜歐米・克萊茵（Naomi Klein）和《廣告剋星》（Adbuster）雜誌編輯的攻擊目標，讓他

們帶著擴音器到你的總公司進行包圍，甚至還有一堆「占領叛亂者」的標記出現在推特上。過去印刷術擊潰了英國皇室，而現在比起白紙黑字，網路則是更強大的工具；最重要的是：在無摩擦狀態的網路傳播世代，文字及語言的傳遞速度是以光速在前進；所以處於現今世界，你能夠逃、卻不能夠藏。

對品牌來說，這可能是最佳發展時期，因為這世上實在有太多問題，而公司和品牌剛好擅長解決問題。只是其中要面臨的大挑戰就是如何管理品牌化活動，以為顧客和公司股東雙方創造價值；至於另一個挑戰則是如何為品牌化活動創造理由，以及衡量品牌化活動對品牌價值產生的影響。前面內容提及的所有觀念都將有助於你通過挑戰，而且我們也會在本章節中提供部分結論。但要說在前頭的是：在我們提出意見並不總是微小的前提下，還是要先簡短聲明一下謙遜有其重要性。

❯ 我們只瞭解百分之五而已

一切始於好奇心

那些投入在最困難的科學領域的人——孤獨的物理家們，也得承認，我們對於百分之九十五的宇宙組成物質毫無頭緒，也完全不瞭解物質存在的原因或存在於時空外部的物質。同時，我們感知到的電磁光譜也就只有一點點而已；儘管我們在已知領域總是很厲害，但卻很愚蠢的認為我們可以完全瞭解一切。

心理學到現在還在初期發展階段，且因其十分仰賴遠不如自然科學精確的「社會科學」，所以學科理論總在不斷地修改當中（而精確的自然科學也難逃像愛因斯坦先生這類型的人物對該領域進行修正）。

至於神經學這個新領域，儘管我們正在從該領域發現關於大腦運作的驚人事實，還是無法針對大腦整體運作方式建立出眾人都可接受的統一理論；因為每個人都有自己的一套理論，但卻缺

乏證據來支持，甚至還能提出許多證據來加以反對。

我們對於意識或意識形成過程根本毫無概念，同時雖然我們的大腦有驚人的強大能力，但只要再過幾年，就會有比人腦更強大的電腦問世。不過電腦還是無法具備謙遜、好奇、合作與創造等特質；且人類容易**犯錯**的特質，其實也是上天給我們的最好禮物——我們的最大資產。

就像科學家不斷探索這些知識的邊界，我們也一直在尋找更多對話、證據、研究，以及對我們在時空內建立的品牌結構感興趣的研究人員，畢竟學習是我們的首要之務；而我們也很感謝有這個機會能與你一起學習，希望你在這過程中產生了一些有用想法。

當你首次在閱讀本書時，其實都是戴著**既定的帽子**在讀，即使你可能沒有發現，但每個人本來就都是帶有想法和既定觀點在看待書中的內容，所以現在請你接受挑戰，戴上不同帽子來閱讀吧！如果你認為自己是服務社群的設計之人，那就請戴上顧客的帽子來閱讀本書；如果你是名學生，並站在個人與社群成員的立場閱讀本書，那就請你從衣櫥裡拿出企業家戴的帽子，再閱讀一次；如果你是從事併購的交易專員，思考著這對你下一筆交易的實質審查具有什麼意義，那就請戴上「喜愛品牌之人」的帽子——你知道，就是上面滿是花朵的那一頂，再閱讀一次；而你若是一名企業家，你可能已經在心中想著你的品牌的情況下閱讀了本書，所以請戴上你最難搞的顧客的帽子，再閱讀一次。

有你們才有我們
ACKNOWLEDGMENTS

唯有熱情才能設計並撰寫一本著作,而且完成這項偉大工程所仰賴的,也就只有「愛」而已,沒有任何一件事能比激情更讓人有動力,這也說明了我們有三位以上的作者參與了本書的誕生。

首先要謝謝在HOW Books協同我做出本書的編輯依琳‧穆蘭(Eileen Mullan),以及我們的組稿編輯(acquire editor)布蘭登‧歐尼爾(Brendan O'Neill)。接著我們要感謝艾蜜莉亞‧英斯特(Amelia Yingst)、任職於邱比特公司(Cupitor)的奈森‧亨利(Nathan Henry),以及膠囊設計(Capsule)的所有成員,包括柯尼‧強森(Courtney Johnson)、貝里‧海斯汀(Barry Hastings)、布萊恩‧亞杜齊(Brian Adducci)、凱蒂‧哈特(Kitty Hart)、丹‧巴根史塔斯(Dan Baggenstoss)、麥特‧拉維森(Matt Ludvigson)、艾瑪‧羅蒂莉(Emma Rotilie),以及格雷‧布洛斯(Greg Brose),沒有他們的支持,本書無法本書誕生。此外,我們還要將本書獻給史蒂夫‧馬里諾(Steve Marino),謝謝他的鼓勵與支持。

我們同樣要對諸位友人及同事致上謝意,感謝他們使我們的見解更加完善成熟,包括傑夫‧布朗(Jeff Brown)、史蒂夫‧華萊士(Steve Wallace)、史蒂芬‧貝爾德(Stephen Baird)、尼克‧亞斯裘(Nic Askew)、布魯斯‧泰特(Bruce Tait)和派特‧海隆(Pat Hanlon)。而威廉‧麥唐納(William McDonough)、芮妮‧莫

伯尼(Renée Mauborgne)、喬恩‧艾爾斯特(Jon Elster)、珍妮佛‧亞克(Jennifer Aakers)、馬堤‧巴列特(Marti Barletta)、艾蘭‧狄波頓(Alain de Botton)、皮耶‧萊維(Pierre Lévy)、愛德華‧威爾森(E.O. Wilson)、克雷‧薛基(Clay Shirky)、羅伯特‧席爾迪尼、珍-皮耶‧杜布(Jean-Pierre Dube),以及雷‧庫茲威爾(Ray Kurzweil)等思想領袖,也對本著作發揮了影響力,我們在此對他們表示感謝。另外,我們要特別謝謝我們的同事盧‧卡伯恩(Lou Carbone)、喬‧派恩(Joe Pine),以及多位來自明尼蘇達的同僚,他們之前就曾針對顧客體驗提出見解,是我們在這領域中的前輩。

我們也要特別對親朋好友們致上最深的感激,謝謝他們的寬容與耐心。此外,我們在過去幾年裡,參閱了許多行銷書籍和部落格的文章,對於這些書籍和文章的作者,以及圖書館和社群媒體所提供的協助,我們在此也一併致上謝意,畢竟有了這些資源,才得以完成一本著作。

最後,我們要謝謝本書讀者,也歡迎大家在亞馬遜網站或推特上留下意見回饋:亞倫‧凱勒(@KellerOfCapsule)、丹‧華萊士(@Ideafood)、蕾妮‧馬里諾(@renee_cupitor)。

品牌物理學：科技力量與消費模式背後隱而未現的行銷科學
The physics of brand : understand the forces behind brands that matter

大寫出版 In Action 書系 HA0083

著　　者	亞倫・凱勒（Aaron Keller）、蕾妮・馬里諾（Renée Marino）、丹・華萊士（Dan Wallace）
內頁插畫	艾瑪・蘿特莉（Emma Rotilie）
翻　　譯	朱沁靈
封面設計	三人制創
內頁設計	菩薩蠻電腦排版
行銷企畫	王綬晨、邱紹溢、陳詩婷、曾曉玲
大寫出版	鄭俊平
發 行 人	蘇拾平

出版者 大寫出版社 Briefing Press
台北市復興北路333號11樓之4
電話：（02）27182001
傳真：（02）27181258

發行 大雁文化事業股份有限公司
台北市復興北路333號11樓之4
24小時傳真服務（02）27181258
讀者服務信箱：andbooks@andbooks.com.tw
劃撥帳號：19983379
戶名：大雁文化事業股份有限公司

初版四刷 ◎ 2020年10月
定價◎ 580元 ISBN 978-986-95049-5-9

國家圖書館出版品預行編目(CIP)資料

品牌物理學：科技力量與消費模式背後隱而未現的行銷科學 / 亞倫・凱勒
(Aaron Keller), 蕾妮・馬里諾(Renée Marino), 丹・華萊士(Dan Wallace)合著；
朱沁靈譯. -- 初版. -- 臺北市：大寫出版：大雁文化發行, 2017.12
192 面；20.5×25.2 公分. -- (使用的書In Action；HA0083)
譯自：The physics of brand : understand the forces behind brands that matter
ISBN 978-986-95049-5-9(精裝)

1.品牌行銷
496.14　　　　　　　　　　　　　　　　　　　　　　106011335

MICRO-INTERACTIONS

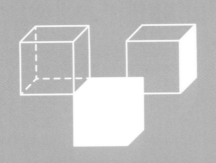

HISTORICAL DOMINANCE

DESIGNED EXPERIENCES

CUSTOMER EXPERIENCE

INSIGHT

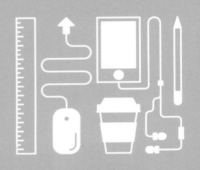

SOCIAL NETWORKS

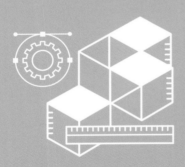

SYSTEM SIMULATIONS

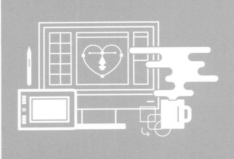

FRAMEWORK

SYSTEM PERSPECTIVE

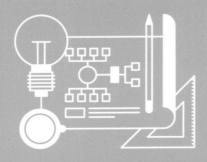

SUPER MODELS

TECH STOCKS

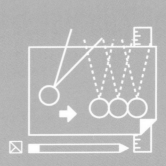

FRICTION